中等职业教育烹饪专业教材

粤菜风味菜点制作

主　编　邓　谦

副主编　李洁琼　吴子逸　罗国永

参　编　李开明　余斌照　刘　明　李东文

郑旸光　郑志熊　叶亲枝　王俊光

吴　周　谭子华

审　核　成　功　庄沛丹　蔡达普

梁　桦　陈小艺

重庆大学出版社

内容提要

本书共11个项目，主要内容包括粤菜的形成与新时代发展、大师创新风味菜制作、澳门风味菜制作、湛江风味菜制作、茂名风味菜制作、五邑风味菜制作、顺德风味菜制作、东莞风味菜制作、香山风味菜制作和珠海新派风味九大簋特色菜制作、广东风味糕点制作等。

本书可作为职业教育烹饪专业教材，也可以作为烹饪培训用书。

图书在版编目（CIP）数据

粤菜风味菜点制作 / 邓谦主编. -- 重庆：重庆大学出版社，2022.8

ISBN 978-7-5689-3243-1

Ⅰ. ①粤… Ⅱ. ①邓… Ⅲ. ①粤菜—烹饪—方法 Ⅳ. ①TS972.117

中国版本图书馆CIP数据核字（2022）第067426号

中等职业教育烹饪专业教材

粤菜风味菜点制作

主 编 邓 谦

副主编 李洁琼 吴子逸 罗国永

策划编辑：沈 静

责任编辑：杨育彪 版式设计：沈 静

责任校对：谢 芳 责任印制：张 策

*

重庆大学出版社出版发行

出版人：饶帮华

社址：重庆市沙坪坝区大学城西路21号

邮编：401331

电话：（023）88617190 88617185（中小学）

传真：（023）88617186 88617166

网址：http：//www.cqup.com.cn

邮箱：fxk@cqup.com.cn（营销中心）

全国新华书店经销

重庆长虹印务有限公司印刷

*

开本：787 mm×1092 mm 1/16 印张：9 字数：233千

2022年8月第1版 2022年8月第1次印刷

印数：1—3 000

ISBN 978-7-5689-3243-1 定价：39.00元

序 言

广东饮食，源远流长，闻名遐迩。广东各地的美食更是极具特色，各放异彩。为了寻味广东各地的本土食材，呈现传统与创新工艺，推广粤澳特色风味菜点，续启粤澳饮食文化的传承与弘扬熠熠生辉之路，让粤菜走向国际，让世界爱上粤菜，广东省中职名教师工作室、广东省“粤菜师傅”邓谦大师工作室组织各地市成员、学员开展“开拓21风味之路”的寻味调研活动。历时2载，工作室主持人邓谦带领成员、学员踏遍粤澳，深入实地考察，反复遴选，亲自烹制、编写，几经修改，终编著成书。《粤菜风味菜点制作》包括大师创新风味菜制作、澳门风味菜制作、湛江风味菜制作、茂名风味菜制作、五邑风味菜制作、顺德风味菜制作、东莞风味菜制作、香山风味菜制作和珠海新派风味九大簋特色菜制作、广东风味糕点制作等，详细介绍了100多道粤澳名菜名点的原料、制作流程、成品质量标准等，图文并茂，便于学习与传播。值得一提的是，各部分编写人员，既是广东省中职名教师工作室成（学）员和广东省“粤菜师傅”邓谦大师工作室的成员，也是其他地市“粤菜师傅”大师工作室或培养基地的负责人。因此，本书的完成，意义重大，它不是简单的100多道菜品的制作，而是粤澳各地市特色风味的缩影，更是粤澳文化传承与弘扬的见证。

“粤菜”两个字，凝结了多少“粤菜师傅”的心血，承载了多少厨匠的匠心、匠魂。在此，也感谢对本书顺利出版给予帮助和支持的饮食界前辈、专家和领导，谨以《粤菜风味菜点制作》一书向先辈们致敬，向现在及后继的“粤菜师傅”留下一份参考。愿更多的粤菜师傅为粤菜的传承与弘扬奉献力量！

珠海市第一中等职业学校校长　郭宏才

2022年3月

前　言

粤菜风味，即利用食材原质、原汁、原味赋予“烹”与“调”的手段以及经过“粤菜师傅”烹饪艺术美化成为肴馔，呈现出以“鲜”为灵魂的特有的香气、质感、色泽、温感和味道。

如果说“食不厌精，脍不厌细”是中华美食追求极致的体现，那么，“粤菜”可谓这种体现的集大成者。千百年来，粤菜凭借其极具地域特色、极其丰富内涵的特质，发展成为我国四大菜系之一，广受食客青睐。粤菜因品种之丰、茶式之盛、烹调之巧、风味之美而闻名遐迩。须知，广东饮食的煎、炒、焗、焗、浸、焖、蒸、滚、炸、泡、扒、扣、灼、煲、炖、烤等，都各擅其长，各具特色。

为实施广东乡村振兴战略，传承、创新粤菜美食文化，2018年广东省委书记李希提出，实施“粤菜师傅”工程，大力培养“粤菜师傅”人才。由此，将弘扬粤菜文化与培养技能人才、促进城乡就业、助推国家精准扶贫和乡村振兴战略结合起来，提升岭南饮食文化在海内外的影响力，成为业界大事。邓谦烹饪工作室积极响应，勇于担当，投身于“粤菜师傅”工程，并顺利被评选为广东省“粤菜师傅”大师工作室，同时助力学校通过评选，成为广东省“粤菜师傅”培养基地。并且，工作室以此为契机，诚邀长隆集团麦汉明总厨、珠海度假村酒店韦当坚行政总厨等一批志同道合之士，以培养烹饪专业学生及社会人员成为“大小粤菜师傅”为己任，为传承与弘扬粤菜文化，助力乡村振兴而贡献微薄之力！

2018年11月，工作室主持人邓谦顺利通过广东省教育厅的遴选，成为广东省职业教育中职名教师工作室主持人。工作室由主持人、成员和学员三部分组成，合计14人。成员5人分别是顺德职业技术学院李东文副教授、珠海市第一中等职业学校吴子逸及刘明、珠海市九昌九餐饮管理责任有限公司余斌照和珠海食育商务有限公司李开明，学员8人分别是珠海市第一中等职业学校李洁琼、开平市吴汉良理工学校罗国永、湛江财贸学校郑旸光、东莞市轻工业学校郑志熊、中山市三乡理工学校叶亲枝、广州市旅游商务职业学校谭子华、顺德梁銶琚职业技术学校王俊光、信宜市职业技术学校吴周等8个地级市职业学校烹饪专业学科带头人、骨干教师。工作室以省级视野审视珠海餐饮行业企业，创新了烹饪专业教育理念 “垃圾不掉地、洁净又舒适；油水不出盆、操作更安全；岗位勤清理、时刻保本色；用具齐规整、干燥无污染” 四句话，以此培养未来“粤菜师傅”儒厨工匠人才。这有效促进了学校烹饪专业教学改革、教师成长、校企融合和学生核心职业素养的培养等。因此，要充分发挥大师工作室的示范、引领、辐射和带动作用，引领学员单位专业建设及内涵发展。

为了促进广东省“粤菜师傅”大师工作室与广东省职业教育中职名教师工作室优势互补，增强工作室的示范、辐射、引领作用，主持人邓谦敢于创新，勇于改革，将两个工作室科学融合，将工作室成员、学员构建成为全新的“产、教、学、研、训”五位一体的创新团队。自此，工作室根据“粤菜师傅”工程实施意见，秉承“专业引领、传承创新、交流研修、辐射发展”的宗旨,以“三创”精神为落脚点，以出名徒、育名师、造名厨为目标，以导师带徒弟工作为抓手，以课题攻关与项目研究为载体，以育训课堂为主阵地，培养一批在专业技术领域有影响力的“粤菜师傅”，助推粤菜文化传承与发展，服务企业与社会。

为了践行初心与使命，工作室主持人邓谦副校长勇于探索，在打造“粤菜师傅”文化品牌、培养粤菜人才、加快珠澳美食融合3个方面先行先试，助力“粤菜师傅”工程高质量发展。为了深入了解粤菜文化，工作室主持人带领成（学）员开展了“开拓‘21’风味之路”的一系列走访考察活动，先后走访了广州、湛江、茂名、阳江、江门、东莞、中山、顺德、汕头、潮州、梅州等多个城市，寻找最传统的粤菜食材，探究最传统的粤式烹调技艺，呈现最地道的粤菜风味特色。历时2年多，工作室全体成（学）员齐心合力总结汇聚全省近10个地级市的饮食风味特点，《粤菜风味菜点制作》终于面世了。《粤菜风味菜点制作》也是工作室推行“粤菜师傅”工程的重大成果之一。它不仅浓缩了工作室成（学）员的足迹、汗水与心血，更是工作室传承与弘扬粤菜文化所提交的一份答卷。

《粤菜风味菜点制作》分为粤菜的形成与新时代发展、大师创新风味菜制作、澳门风味菜制作、湛江风味菜制作、茂名风味菜制作、五邑风味菜制作、顺德风味菜制作、东莞风味菜制作、香山风味菜制作、珠海新派风味九大簋特色菜制作、广东风味糕点制作共11个项目，按区域述说地方饮食文化特色，侧重挖掘各地域极具代表性的菜品；内容丰富，图文并茂，翔实地呈现了广东多地特色菜品的烹调工艺，有许多部分更是历来秘而不宣的配方，是目前难得的实用性强的工具书。在此，感谢工作室全体成（学）员的努力付出和鼎力支持。特别鸣谢澳门饮食业工会苏伟良师傅、澳门（珠海裕满人家）卢成师傅、中山市烹饪协会郑耀荣会长、珠海度假村酒店行政总厨“粤菜五星名厨”韦当坚师傅、珠海斗门名湖海鲜酒楼行政总厨“粤菜四星名厨”刘春林师傅。此外，特别感谢珠海市九昌九餐饮管理有限责任公司与湛江市金海酒店提供的技术支持和帮助。

粤菜是一种文化，是一种气氛，是一种渲染，是一种和谐，是一种民俗，是一种色彩。愿《粤菜风味菜点制作》能为推动粤菜美食文化博采众长、丰富粤菜文化内涵添光加彩，为提升粤菜文化影响力尽绵薄贡献。

广东省职业教育中职名教师工作室
广东省“粤菜师傅”邓谦大师工作室
2022年2月

“粤菜师傅”
邓谦大师
工作室简介

目　录

项目1　粤菜的形成与新时代发展

项目2　大师创新风味菜制作

项目3　澳门风味菜制作

项目4　湛江风味菜制作

项目5　茂名风味菜制作

项目6　五邑风味菜制作

项目7 顺德风味菜制作

项目8 东莞风味菜制作

项目9 香山风味菜制作

项目10 珠海新派风味九大簋特色菜制作

项目11　广东风味糕点制作

项目 1

粤菜的形成与新时代发展

粤菜作为岭南饮食文化代表，在中国饮食文化中占有特殊的位置，它以独特的岭南风味、奇杂的用料、多变的口味与烹调方法征服了海内外的食客。粤菜迎来了良好的发展机遇，在吸收各地优秀的烹饪技艺基础上，利用广东得天独厚的丰富物产，形成了既传统又创新的新派粤菜，其口味、烹调方法、用料均有令人耳目一新的感觉，菜式变化相当频繁，菜肴更新周期越来越短。 为了在激烈的餐饮市场竞争中获得生存与发展的空间，厨师们竭尽全力，以精益求精的态度不断推出琳琅满目的菜式，创造出粤菜发展的全盛时期。

任务1 粤菜大演变

作为具有鲜明岭南特色的菜系，粤菜的形成有其漫长的历史演变过程。史料记载，秦时，率军南下的将领任嚣与赵佗把治理岭南的中心放在南海郡，南下汉人中的烹调高手和遍尝九州美食的商人，给岭南饮食文化带来了全新的文化特质，推动了南粤饮食方式、方法的更新。

西汉以后，中原人继续以多种方式南迁，通过“杂处”而至融合，南下带来的科学知识和饮食文化与岭南的地理环境和越人的饮食习惯糅合在一起，并去粗取精，不断升华，创造出独具一格的饮食特色，从而奠定后来粤菜发展的基础。从2000多年前西汉初的南越王赵眜墓可见一斑：该墓后藏室是储放食品的库房，出土的大型烧烤器和储容器共130多件。铜、陶器皿内多存动物食品。西侧室是庖丁厨役之所，出土厨具有陶、铜、漆器125件。这些炊具和食器足以证明南越国时岭南烹饪技艺造诣之高。对墓中发现的大量经加工的动物遗骸的探究，可以看到“食在广东”的历史根源。

隋唐时代，粤菜又有了新的发展。我国从三国至南北朝300多年中，一直处于南北分裂状态，中原战乱频繁，而岭南则相对较为安定。唐代继承隋代统一局势，全国封建经济空前繁荣，岭南“汉越融合”基本完成，经济也有所发展。“汉越融合”而成的烹调技艺扩展到民间，出现了不少创新名食。如唐代段成式《酉阳杂俎》曰：“物无不堪吃，唯在火候，善均五味。”意即菜肴的风味特色，除了选料，关键在于掌握火候与调味。据唐代出任广州司马的刘恂所著《岭表录异》记载，当时岭南人的烹饪技艺已颇高明，民间能运用煮、炙、炸、炰（蒸）、炒、脍、烧、煎、拌等多种烹调方法，并因物料质地不同而辨物施用，如食蟹，“水蟹螯壳内皆咸水，自有味。广人取之，淡煮，吸其咸汁下酒。”“赤蟹壳内黄赤膏如鸡鸭子黄，肉白，以和膏，实其壳中，淋以五味，蒙以细面，为蟹饦，珍美可尚。”蟹的口味不同，烹制的方法各异，菜品的风味就不一样。筵席菜中，汤或羹先上还是后上，历来是南北食制之分野，清代袁枚《随园食单》曰：“无汤者宜先，有汤者宜后。”现在，北方各地仍然如是，粤菜则自唐代以来都是汤（羹）先上，由此看出，粤菜在食制方面也早已自成一格。

宋元时期，粤菜形成更大的发展势头，繁荣的商业促进了广东菜系的发展，出现了许多风味名食。南宋朱彧的《萍洲可谈》记载：“广州饭僧设供，谓之罗汉斋。”宋代，北方战乱仍较频繁，广东人口大量增加，各行各业进一步发展，使广州成为我国最大的商业城市和通商口岸，来华贸易的有50多个国家，对外贸易占全国的80%。繁荣的商业促进了广府菜的发展，出现了许多风味名食。

明清时期，珠江三角洲商业性农业走在全国前列，广东逐渐开发成为商品性农业产区，人们称为“鱼米之乡”。广州市场兴旺，对内对外贸易发达，城镇周围又分布着许多圩市，群众生活比较富裕，“讲饮讲食”风气盛行，出现了许多著名的乡土美食，大大丰富了广东菜系的特色。如佛山的柱侯食品、顺德的凤城食谱、东莞的荷包饭、新塘的鱼包、新会的潮莲烧鹅、湛江的白切鸡等，这些大大地丰富了粤菜的特色。

近代，中外客商在广州的交往更加频繁，各地名食相继传来广州，粤菜吸收了各地优秀的烹调技艺，逐步形成了鲜明的地方特色、深受人们喜爱的菜系。

民国时期，广州较大的饮食店大大小小有200多家，家家有名牌菜，陆羽居的化皮乳猪、白云猪手，宁昌的盐焗鸡，利口福的清蒸海鲜，太平馆的红烧乳鸽等。

新中国成立以后，现代粤菜的发展经历了两个重要的历史阶段。第一阶段是新中国成立时，包括餐饮业从业者在内的劳动者激发了极大的劳动积极性，他们以前所未有的热情投入工作，使我国的餐饮业发展水平有了迅速的提高，很多粤菜老一辈的厨师谈起那段日子都眉飞色舞、记忆犹新。当时粤菜烹饪行业涌现出一大批出类拔萃的烹调大师，他们对粤菜的贡献和影响是不应被忽略和忘记的。较著名的有广州酒家的黄瑞、北园酒家的黎和、南园酒家的刘邦、大同酒家的麦炳等，他们运用精湛的手艺，创制出多款脍炙人口的名菜并悉心培养出粤菜的接班人。20世纪六七十年代，由于受到各种因素的影响，我国生产力下降，社会物质贫乏，国民经济发展较为缓慢。消费能力低、人们对饮食的需求不足，直接导致粤菜处于停滞甚至倒退的局面。究其原因，从客观上看，餐饮原料的匮乏，厨师处于巧妇难为无米之炊的难堪境地；从主观上看，实行计划经济，国营性质的餐饮业缺乏竞争，从业人员普遍不思进取、不求上进。第二阶段是1980年以后，在改革开放政策的指引下，粤菜的发展进入了一个全盛的时期，跃上了一个新的台阶。各式酒店在广州雨后春笋般地出现，它们带来了全新的先进管理技术与理念，同时也引入了与传统粤菜大不相同的香港新派粤菜。香港新派粤

菜在用料、技术、口味、工具等方面对传统粤菜进行了全面的改革与创新，为粤菜的改革与创新起到了关键性的引导作用。粤菜厨师在与香港厨师合作的过程中，学习和吸收了他们的技术和经验，勇于改革创新，迅速掌握新的技术与用料，并能加以变化和发展，逐步适应并引领了粤菜发展的新潮流。广东新派粤菜从烹调方法、酱料的运用、工具的使用等方面都与传统粤菜有较大的差异，粤菜从此进入了一个飞速发展的时期。

综上所述，粤菜的渊源来自古代岭南地区的越人，发展于秦汉至隋唐时代，成熟于明清之时，在改革开放后达到了发展的新高峰。

任务2　粤菜大构成

粤菜以广府菜、潮州菜、客家菜为主体，并以广府菜为代表。三个地方菜的风味互相关联又各具特色，选料注重广博精细，口感讲究爽脆嫩滑，调味偏重清鲜香醇、以鲜为最高境界。

广府菜涵盖的范围最广，包括广州、佛山、顺德、中山、深圳、珠海、江门、南海、东莞、阳江、茂名、清远、韶关、湛江等地。广府菜的筵席菜品讲究规格和配套，一台正规的喜庆筵席由冷盘、热荤、汤菜、大菜、单尾（主食）、甜菜、点心、水果等组成，主要菜品以8道或9道为多。筵席特别讲究上菜的顺序，现代高档筵席开始趋向于按位上的分餐制。

潮州菜发源于潮汕平原覆盖潮州、汕头、潮阳、普宁、揭阳、饶平、南澳、惠来以及海丰、陆丰等地，还包括其他一些讲潮汕话的地方。潮州菜的主要烹调方法有焖、炖、烙（煎）、炸、炊（蒸）、炒。潮州是历史名镇，也是潮州菜的发源地。随着汕头的崛起，潮州菜又称为潮汕菜，简称潮菜。潮菜烹调特色还可用“三多”来表达。“一多”是指烹制海鲜品种多；“二多”是指素菜品种多；“三多”是指甜菜品种多。潮州菜汇闽、粤两家之长，自成一派，以烹制海鲜见长，汤类、素菜、甜菜最具特色。潮州菜刀工精细，口味清纯。

客家菜又称为东江菜，是由中原迁徙而来的客家先民在迁徙经历、定居环境及其适应和融会智慧的共同作用下形成，并由客家的厨师完善而成的。客家菜是客家文化的重要组成部分，按地域分为兴梅派和东江派两个流派。菜品多用肉类，极少采用水产，主料突出，讲究香浓，下油重，味偏咸，以砂锅菜见长，乡土气息浓郁。

任务3　新时代粤菜

2018年4月，广东省委、省政府创造性地部署实施“粤菜师傅”工程，开创了历史先河，粤菜备受省委、省政府高度重视，且将精准扶贫乡村振兴工作与广大传承粤菜文化结合起来，为新时代粤菜注入新使命、新元素和新活力。经过4年多的实践探索，“粤菜师傅”工程以“小切口”推动“大变化”，在促进乡村振兴、脱贫攻坚、健康广东、美丽广东及文化强省建设等方面发挥越来越重要的综合效应作用，得到饮食各界和全体人民群众广泛支持、热情参与和无私奉献，全省职业教育在烹饪职业教育方面得到空前重视及高速发展。

广东有深圳、珠海、汕头3个最早的经济特区，近年来，在“北上广深”这四大最强的经济城市独占其二，中共中央、国务院印发《粤港澳大湾区发展规划纲要》，横琴粤澳深度合作区的建立等无不为粤菜的新发展提供了良好的基础。不仅如此，2018年以来，21个地市“粤菜师傅”培养基地、技能大师工作室的建立，1—5星“粤菜师傅”的评选，省市以及粤港澳大湾区粤菜师傅技能竞赛的举办，粤菜名店、名菜、名点的评选，以培训振兴乡村促就业、创业措施的铺开，并且全面推进“粤菜师傅”培训培养、考核评价、就业创业、激励措施、职业发展的政策体系的健全，强化培育、就业创业和职业发展政策扶持，结合各媒体对“粤菜师傅”工程相关活动、名匠的大力宣传报道，致力于打造弘扬岭南饮食文化的国际名片。这将粤菜文化的传承与弘扬推向了又一新的高度。

吃好、做好、教好、学好和讲好粤菜是烹饪职业教育工作者的重点课题。因此，作为首批省级“粤菜师傅”大师工作室领航人的邓谦大师带领首届广东省教育厅命名的“双师型”邓谦名师工作室团队，把珠海、顺德、湛江、茂名、东莞、中山等地市的地方风味菜点制作工艺汇编成书供同行交流学习。守优良传统之正宗，创时代精神之新菜，提升“粤菜师傅”工程文化传播力和影响力，成为摆在职业教育面前的重大课题。

大师创新风味菜制作

李开明大师
宣传视频

炊鸡，清代宫廷名菜，是乾隆皇帝常用的菜肴。乾隆十九年（1754）五月十日《节次照常膳底档》膳单有记载："上传炊鸡。""上"即指皇上；"传"指乾隆皇帝亲自点的菜。

"上传炊鸡"经过邓谦粤菜师傅大师工作室集体智慧多次试验终于研制成功。由中国烹饪大师、2019年国家烹饪队队员、工作室技术顾问李开明大师亲自研制的宫廷名菜"上传炊鸡"出炉了。现分享工作室"上传炊鸡"制法以期服务大家并得到各位指正：清代宫廷名菜制作工艺非常讲究，从选料、宰杀、洗涤、烹制每一道工序都非常严谨。现经过精心改良之后李开朗大师烹制"上传炊鸡"工序如下：一吹二搓三腌四蒸五翻五转等九道工序，历经81分钟炮制完成这道宫廷名菜。成菜特点：香味持久，皮爽肉嫩滑，汁水多、味鲜甜。吹、搓、腌、蒸、翻如下所说。

一吹是自然风吹干已宰杀干净的光鸡的内外血水，以便更好吸收味料。

二搓是用非常香浓的花生油顺着鸡皮毛孔张开的方向轻轻搓两轮，主要目的是去除异味。

三腌是使用事先调配好的味料，均匀涂在鸡腔内部和鸡身外周。

四蒸是腌制达到预定时间之后再入笼蒸制。

五翻五转是在蒸制的过程中，5次不同方向翻转鸡身，目的是使鸡各个部位均匀受热熟透一致，达到最佳口感。

任务1 上传炊鸡

1）原料

（1）主料：三黄鸡1只（约1000克，图2.1）。

（2）辅料：葱条2条。

（3）料头：姜片5片。

（4）调料：盐12克、鸡粉10克、白糖5克等。

图2.1 三黄鸡1只

图2.2 腌制鸡

图2.3 放入鸡

2）制作流程

（1）将鸡清洗干净，抹一次花生油，把调料混合腌制半小时（图2.2）。

（2）将鸡放入烤箱烤35分钟（图2.3）。

（3）待出锅后用斩件摆盘食用（图2.4）。

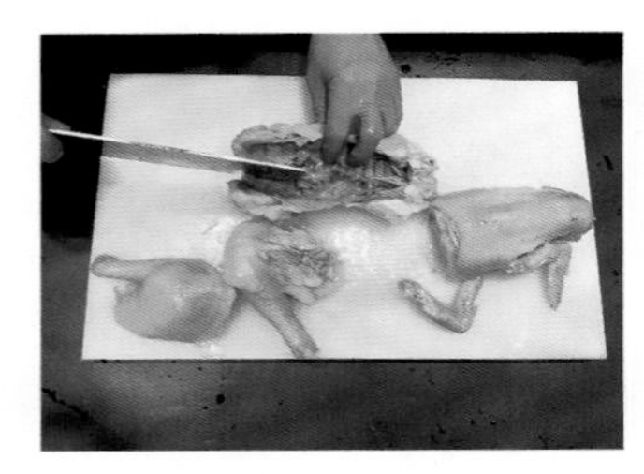

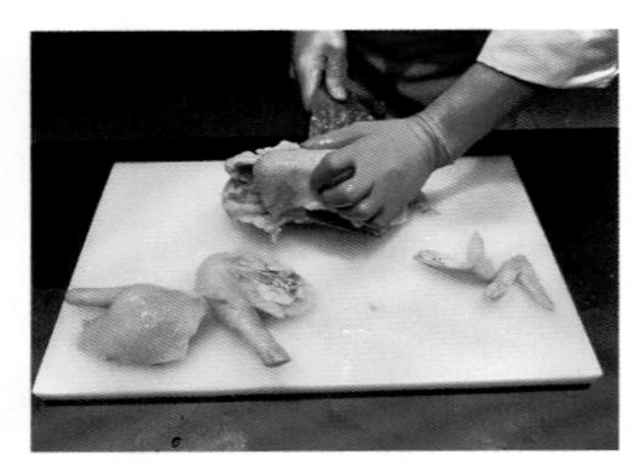

图2.4 剪鸡

3）特点

原汁原味，清香扑鼻（图2.5）。

图2.5 炆鸡成品图

上传炆鸡

任务2 砂锅焗鲩鱼

1）原料（图 2.6）

（1）主料：鲩鱼500克。

（2）配料：蒜粒60克、姜片25克、葱白15克、红葱头20克。

（3）调料：盐7克、白糖10克、鸡粉3克、胡椒粉2克等。

图2.6 砂锅焗鲩鱼原料

图2.7 腌制鲩鱼

图2.8 炒香配料

2）制作流程

（1）将鱼杀好，用调料腌制15分钟（图2.7）。

（2）砂锅下油烧热，放入配料（葱白后下）炒香（图2.8）。

（3）放入腌好的鱼加盖焗8分钟，放入葱白加盖收火即可（图2.9）。

图2.9 砂锅焗鲩鱼成品图

3）特点

香味十足，鱼肉鲜香。

任务3 拍蒜豆豉焗九吐鱼

1）原料（图 2.10）

（1）主料：九吐鱼750克（改净500克）。

（2）辅料：葱段20克、豆豉6克。

（3）料头：蒜15克。

（4）调料：生抽20克、盐3克、鸡粉8克、白糖10克、生粉5克等。

图2.10 九吐鱼原料

图2.11 九吐鱼切段

2）制作流程

（1）将蒜拍裂，备用。九吐鱼切段，放入调料腌制5分钟（图2.11）。

（2）烧锅加油，放入料头起锅，倒入腌制好的鱼，加盖，从盖边加入清水适量，中火焗至熟，加入葱段即可装盘（图2.12）。

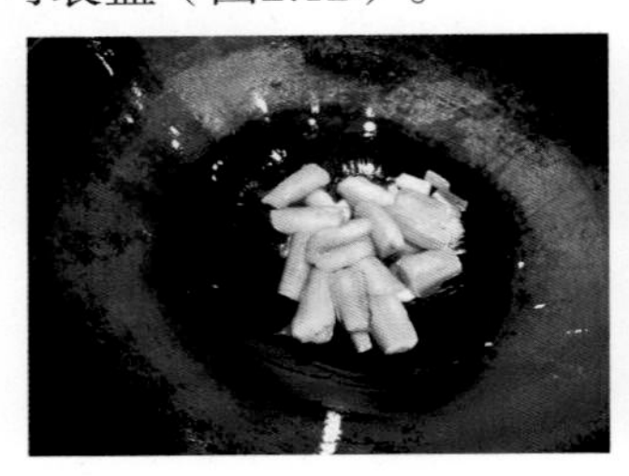

图2.12　焗九吐鱼

3）特点

豉香味浓郁，鱼肉鲜嫩软滑（图2.13）。

图2.13　拍蒜豆豉焗九吐鱼成品图

任务4　风味小炒肉

图2.14　小炒肉主料

1）原料

（1）主料：螺丝辣椒200克、梅头肉200克、蒜苗50克、豆豉20粒、蒜头3瓣等（图2.14）。

（2）调料：盐2克、白糖3克、味精4克、生抽15克、老抽5克等。

2）制作流程

（1）将梅头肉肥瘦分开切片，螺丝辣椒去籽切块（图2.15）。

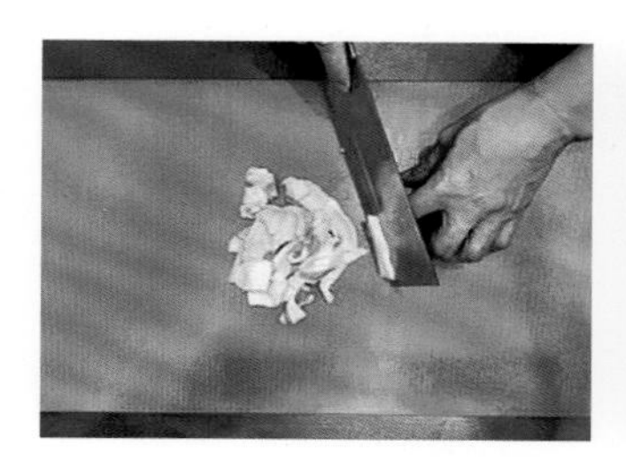

图2.15 切配材料

（2）将蒜苗切小段，蒜头拍裂（图2.16）。

图2.16 切配料头

（3）起锅放油，小火煸香肥肉，加入拍裂的蒜头和切好的瘦肉片，炒至断生，放入螺丝辣椒块翻炒，加入盐、白糖、味精，中小火翻炒，加入小量的水炒至辣椒断生，放入蒜苗和豆豉略炒，倒入生抽、老抽炒至肉上色，香味透出即可（图2.17）。

图2.17 风味小炒肉成品图

3）特点

肉与辣椒味互补，油脂香味突出。

任务5 清酒煮鲜鲍

1）原料

清酒100毫升、酱油80毫升、翅汤100毫升、白糖25克、鸡爪6只、腩排250克、5头鲜鲍6只等（图2.18）。

图2.18　清酒煮鲜鲍主要原料

2）制作流程

把肉料斩好，再将调料倒入锅中，先煮1小时，鲍鱼洗净放入煮2小时，捞起装盘即可（图2.19）。

图2.19　清酒煮鲜鲍成品图

图2.20　芝士焗生蚝成品图

3）特点

鲍鱼肉质鲜嫩，有淡淡的酒香味。

任务6　芝士焗生蚝

1）原料

沙拉酱1支、全蛋2只、蛋黄1只、柠檬半只、芝士4片、炼奶50克等。

2）制作流程

（1）将柠檬取汁蒸化芝士，混合全部材料，放入保鲜备用。

（2）将生蚝开壳，飞水定型，放入壳中上酱，入炉180 ℃烤6分钟左右即可（图2.20）。

3）特点

香味浓郁，蚝肉清爽鲜甜。

任务7 梅头叉烧

1）原料

梅头肉（图2.21）1500克、生抽180克、南乳6块、细砂糖270克、蒜蓉30克、料酒60克、麦芽糖100克、清水100克、南乳汁100克、海鲜酱150、盐10克等。

图2.21 梅头肉

图2.22 烤叉烧

2）制作流程

（1）烤叉烧时，将麦芽糖和清水拌匀，用刷子均匀将麦芽糖水刷在叉烧表面再烤。上下火220 ℃烤35～40分钟（图2.22）。

（2）制作完成（图2.23）。

图2.23 梅头叉烧成品图

3）特点

肉汁丰满，酱汁香味十足。

任务8 家烧白鲶鱼

1）原料（图 2.24）

（1）主料：小白鲶鱼500克。

（2）辅料：五花肉100克。

（3）料头：拍蒜10克、姜粒10克、葱白10克。

（4）调料：盐2克、生抽16克、蚝油10克、鸡粉4克等。

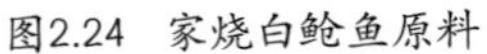

图2.24　家烧白鲳鱼原料　　图2.25　杀小白鲳鱼

2）制作流程

（1）将小白鲳鱼杀好洗净（图2.25）。

（2）料头起锅，下五花肉炒出油，下鱼略烧单面，下开水，加入调料大火烧开，鱼入味后收汁即可（图2.26）。

图2.26　烧鱼

3）特点

味道浓郁，鱼肉嫩滑（图2.27）。

图2.27　家烧白鲳鱼成品图

图2.28　冰镇酸辣咕噜鱼腩成品图

任务9　冰镇酸辣咕噜鱼腩

1）原料

（1）主料：鱼腩300克。

（2）配料：红黄小番茄各3只、小青柠2只、草莓3只。

（3）调料：酸辣果味风情酱150克（酸辣鲜露200克、浓缩橙汁500克、苹果醋300克、蜂蜜500克、盐2克，把所有调料混合低温加热溶解后加青柠片1只、红尖椒1只）。

2）制作流程

（1）将鱼腩切成手指大小的方粒，用重盐抒几分钟冲去盐味。用柠檬冰水浸泡去腥味。捞出沥干水，加底味腌制，再加蛋黄1只拌好。

（2）将鱼腩粒拍上干粉炸成金黄色备用，小火加热，酱汁勾芡，把炸好的鱼腩粒和配料倒入翻炒出锅倒入冰块中降温一分钟，捞出装入冰盘内即可（图2.28）。

3）特点

鱼腩脆爽，酸甜可口。

任务10 盐油煮毛蟹

1）原料

（1）主料：毛蟹6只约900克（图2.29）。

（2）调料：上好花生油50克、盐4克、鸡粉15克。

（3）料头：拍姜15克。

图2.29 毛蟹

2）制作流程

将毛蟹先用冰水泡20分钟，洗净，飞水倒出。净锅放入拍姜，放入蟹，加水、调料，大火煮开，中火煮约12分钟，大火收汁至浓稠即可（图2.30）。

图2.30 盐油煮毛蟹成品图

3）特点

蟹肉入味，味道鲜美。

项目3

澳门风味菜制作

余斌照大师
宣传视频

澳门几经变迁，在变迁中吸收多样饮食文化，并慢慢形成自己的风格。澳门回归后，充分发挥其优势，经济得到飞速发展，世界各国名厨络绎不绝，蜂拥而至。各国特色食材、特色名菜层出不穷。这些无不展示澳门的饮食业发展到了又一个新台阶。但无论澳门怎么发展，粤菜文化都根植于澳门人的血脉，粤菜也始终作为一面旗帜飘扬于心中，都作为一种必不可少的文化，在传承，在弘扬。

任务1 芝士番茄南瓜汤

图3.1 芝士番茄南瓜汤主料

1）原料

（1）主料：小南瓜1只（小葫芦形为好，约350克）、番茄肉100克（图3.1）。

（2）辅料：马苏里拉芝士片1片。

（3）调料：清水250克、淡奶油25毫升、全脂牛奶25毫升、食用油10克、盐1克、白糖3克。

2）制作流程

（1）将南瓜底部修平，顶部切出1/3（约150克），留皮去籽，扫上食用油入预热170 ℃烤箱烤20分钟至熟备用（图3.2）。

（2）将切出来的南瓜去皮蒸熟（蒸南瓜水留起），在番茄底部开十字开水煮至离皮，然后去皮去籽留肉（图3.3）。

（3）将蒸熟的南瓜肉连水、番茄肉、清水放进料理机搅拌成浓汤（图3.4）。

图3.2　烤南瓜

图3.3　切番茄

图3.4　搅拌浓汤

图3.5　火枪把芝士片融化

（4）先将搅拌好的浓汤过滤煮开，加入盐、白糖搅拌均匀，然后加入全脂牛奶、淡奶油搅拌均匀装进烤熟的南瓜"碗"内。

（5）在汤上面放上一整片马苏里拉芝士片，漂浮在汤上，用火枪把芝士片融化上色即可（图3.5）。

3）特点

营养搭配均匀丰富、甜酸适中、口感细腻（图3.6）。

番茄果实营养丰富，具特殊风味，富含维生素A、维生素C、维生素B_1、维生素B_2、胡萝卜素、多种矿物质、蛋白质、糖类、有机酸、纤维素等。

南瓜多糖是一种非特异性免疫增强剂，能提高机体免疫功能，促进细胞因子生成，通过活化补体等途径对免疫系统发挥多方面的调节功能。

图3.6　芝士番茄南瓜汤成品图

任务2　紫甘蓝鲜虾汤

1）原料

（1）主料：紫甘蓝200克、大虾2只（图3.7）。

（2）辅料：洋葱30克、青苹果20克、土豆100克、刁草1克（图3.7）。

图3.7　紫甘蓝鲜虾汤主料及辅料

图3.8　紫甘蓝鲜虾汤调料

（3）调料：清水500克、烹调淡奶油30克、白葡萄酒15毫升、红葡萄酒15毫升、橄榄油20克、大藏芥末10克、盐3克等（图3.8）。

2）制作流程

（1）将大虾清洗干净去头留尾去虾肠去壳（图3.9），虾头放入200 ℃烤箱烤香备用。

图3.9　大虾去头留尾

（2）将紫甘蓝改刀去除叶片中的粗茎（有苦味）。

（3）热锅，将洋葱和橄榄油一同放入锅中炒软（图3.10），加入烤香的虾头、土豆、白葡萄酒和清水（图3.11），大火煮开，撇去浮沫，留尾虾身放入汤里灼熟，转小火煮成浓汤去虾头备用（图3.12）。

图3.10　炒洋葱

图3.11　加入虾头、土豆、白葡萄酒和清水

图3.12　煮成浓汤

（4）热锅，将冷橄榄油和紫甘蓝一同炒软（图3.13），煸炒淋入红葡萄酒收汁，加入虾汤和大藏芥末（图3.14），煮开后放入料理机中打匀过滤（图3.15）；再次倒入锅中煮开，调味，加入烹调淡奶油即可。

图3.13　炒紫甘蓝

图3.14　加入虾汤和大藏芥末

图3.15　过滤虾汤

（5）装盘时加入熟大虾、青苹果和刁草装饰即可。

3）特点

鲜味浓郁，香滑可口（图3.16）。紫甘蓝含有丰富的维生素及微量元素，200克紫甘蓝所含的维生素C是一只柑橘的两倍。

图3.16　紫甘蓝鲜虾汤成品图

任务3 坚果健康前菜

1）原料

（1）主料：鸡胸肉80克（图3.17）。

（2）辅料：混合坚果25克（扁桃仁、腰果、核桃仁、蔓越莓干、蓝莓干、榛子仁）、羽衣甘蓝50克、苦菊30克、薄荷叶2克（图3.17）等。

（3）调料：美极鲜味汁20克、炼乳20克、黑糖40克、老抽3克、白酒醋40克、橄榄油150克、清水100克、盐3克、黑胡椒1克等。

图3.17 坚果健康前菜主料及辅料

图3.18 用炼奶和盐浸泡鸡胸肉

图3.19 调黑糖油醋汁

图3.20 煎鸡肉

2）制作流程

（1）将羽衣甘蓝、苦菊、薄荷叶清洗干净，沥干水备用。

（2）清理鸡胸肉多余油脂，用炼乳和盐浸泡6小时取出，煎熟备用（图3.18）。

（3）将除炼乳以外的所有调料，全放入料理机内打均匀调成黑糖油醋汁备用（图3.19）。

（4）上菜时将所有辅料配上煎熟的鸡胸肉，淋上黑糖油醋汁即可（图3.20）。

图3.21 坚果健康前菜成品图

3）特点

香脆爽口，营养均匀。羽衣甘蓝含有丰富的维生素A和维生素C（图3.21）。

任务4 意式樱桃番茄雪球沙拉

1）原料

（1）主料：多色樱桃番茄220克。

（2）辅料：小雪球（意式樱桃番茄雪球）50克、香草坚果碎6克（白面包糠10克、坚果5克、新鲜香草5克、盐1克）、腌红洋葱丝15克（红洋葱丝15克、糖1克、盐2克、红酒醋3克）等（图3.22）。

（3）调料：草莓酱50克、烹调淡奶油180克、芥末2克、柠檬汁10克、凝胶片5克（1

片）、清水50克、糖5克等。

图3.22 意式樱桃番茄雪球沙拉主料及辅料

图3.23 打碎辅料

图3.24 番茄切成厚片

2）制作流程

（1）将白面包糠、坚果、新鲜香草、盐放入粉碎料理机内打碎备用（图3.23）。

（2）将红洋葱丝、糖、盐、红酒醋一起捞均匀封上保鲜膜放入冰箱里冷藏1小时。

（3）将凝胶片泡在冰水中15分钟，挤干水待用；草莓酱和清水一同烧开放入泡软的凝胶片搅匀，放入容器中冷藏定型成草莓酱冻后切成小块备用。

（4）将烹调淡奶油、芥末、柠檬汁、凝胶片和糖搅匀成酱汁。

（5）将各种番茄切成厚片装盘（图3.24），依次配上辣味草莓酱冻、腌红洋葱丝、小雪球、香草坚果碎，淋上酱汁即可。

3）特点

色彩鲜艳、口感丰富（图3.25）。

每人每天食用50～100克鲜樱桃番茄，即可满足人体对几种维生素和矿物质的需要。樱桃番茄含的“蕃红素”，有抑制细菌生长的作用。樱桃番茄含的苹果酸、柠檬酸和糖类，有增加胃液酸度、帮助消化、调整胃肠功能的作用。

图3.25 意式樱桃番茄雪球沙拉成品图

任务5 鸡肉玉米派

1）原料

（1）主料：甜玉米粒350克、鸡胸肉200克（图3.26）。

图3.26 鸡肉玉米派主料

图3.27 鸡肉玉米派辅料

图3.28 鸡肉玉米派调料

（2）辅料：洋葱120克、大蒜20克、罗勒叶3克、香菜8克、鸡蛋2只、马苏里拉芝士50克（图3.27）

（3）调料：全脂牛奶80克、黄油25克、辣椒粉5克、孜然粉5克、盐3克、糖3克、胡椒粉1克、黄汁100克（图3.28）等。

2）制作流程

（1）将鸡胸肉清洗干净切丁（图3.29）；洋葱切丁（图3.30）；大蒜切蓉；香菜切小段；煮熟鸡蛋切厚片备用。

图3.29 切鸡胸肉

图3.30 切洋葱

（2）将甜玉米粒、全脂牛奶和罗勒叶用料理机打烂，用热锅煮开加入黄油和糖备用（图3.31）。

图3.31 打甜玉米糊

（3）将洋葱、大蒜用热锅炒软并加入鸡肉丁翻炒熟后，加入黄汁、辣椒粉、孜然粉、盐、胡椒粉调味收汁，最后加入香菜拌匀即可（图3.32）。

图3.32 炒鸡肉丁

（4）将炒好的鸡肉丁装入碗中打底并铺上马苏里拉芝士和鸡蛋片，再铺上甜玉米糊，放入预热200 ℃烤箱烤20分钟至金黄色即可（图3.33）。

图3.33　打底铺芝士、鸡蛋片和玉米糊

图3.34　鸡肉玉米派成品图

3）特点

香味浓郁，口感丰富（图3.34）。

任务6　韩式泡菜肥牛意粉

1）原料

（1）主料：肥牛片80克、煮好的意大利粉180克、豆腐50克（图3.35）。

（2）辅料：韩国泡菜60克、白芝麻2克、罗勒叶1克（图3.36）。

（3）调料：淡奶油180克、番茄辣椒酱35克、盐2克、胡椒粉0.5克（图3.37）。

图3.35　韩式泡菜肥牛意粉主料

图3.36　韩式泡菜肥牛意粉辅料

图3.37　韩式泡菜肥牛意粉调料

2）制作流程

（1）将豆腐切块用170 ℃油炸上色备用。

（2）将淡奶油、番茄辣椒酱和韩国泡菜一起煮开放入炸好的豆腐和肥牛片（图3.38），再次煮开调味后捞出炸豆腐和肥牛片，放入煮好的意大利粉翻炒均匀（图3.39），然后再加入罗勒叶即可。

图3.38　煮淡奶油、番茄辣椒酱和韩国泡菜

图3.39　翻炒意大利粉

（3）将炸豆腐和肥牛片打底，上面放上卷好的意大利粉，酱汁淋在上面，最后撒上白芝麻即可。

3）特点

酸辣适中，鲜香不腻（图3.40）。

煮意大利粉要注意时间控制，煮干意大利粉8～10分钟。意大利粉要煮到筋道，不能煮过了时间，否则就会变黏糊。

图3.40 韩式泡菜肥牛意粉成品图

任务7 青椒奶油鸡肉意粉

1）原料

（1）主料：鸡腿肉100克、煮好的意大利粉200克（图3.41）。

（2）辅料：洋葱25克、大蒜5克、菠菜泥100克、莴笋50克、蘑菇30克、百里香5克、芝士粉1克（图3.42）。

（3）调料：白色基础少司100克、淡奶油25克、青椒酱20克、橄榄油20克、盐1克、胡椒粉0.5克（图3.43）。

图3.41 青椒奶油鸡肉意粉主料

图3.42 青椒奶油鸡肉意粉辅料

图3.43 青椒奶油鸡肉意粉调料

图3.44 翻炒意大利粉

2）制作流程

（1）将白色基础少司、菠菜泥、青椒酱一同放入料理机内打均匀备用；洋葱切成丁；大蒜切成蓉；蘑菇切片；莴笋刨片灼水备用。

（2）将鸡腿肉去骨，加入盐、胡椒粉腌制，然后淋上清油，摆上百里香放入预热100 ℃的烤箱烤1小时，切成条备用。

（3）热锅，先将冷橄榄油炒香洋葱、蒜、蘑菇，加入青椒酱，再加入烫热的意大利粉，淡奶油、鸡肉、莴笋，翻炒均匀装盘撒上芝士粉即可（图3.44）。

3）特点

融和贯通，麻辣适中，香气浓郁（图3.45）。

图3.45 青椒奶油鸡肉意粉成品图

任务8 维也纳猪扒

1）原料

（1）主料：猪扒500克、芝士片2片、火腿2片（图3.46）。

（2）辅料：鸡蛋3只、面包糠250克、面粉150克、大蒜30克（图3.47）。

（3）调料：盐2克、糖2克、生粉10克、油15克、纯净水50克（图3.48）。

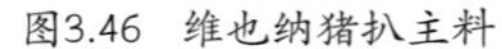

图3.46 维也纳猪扒主料

图3.47 维也纳猪扒辅料

图3.48 维也纳猪扒调料

2）制作流程

（1）将鸡蛋去壳搅拌均匀；干红葱头、大蒜切碎备用。

（2）先将猪扒分切成每件130克的细件，再将分切出来的猪扒在中间对切开，但不能切断（图3.49）。

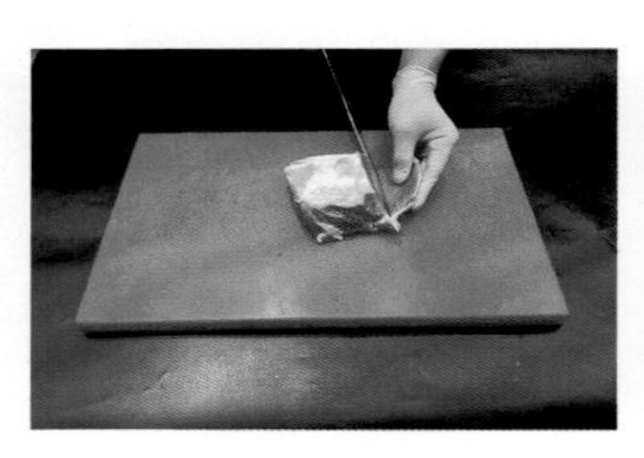

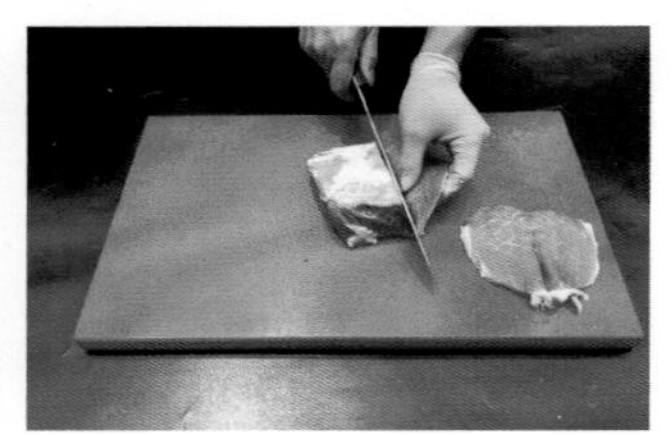

图3.49 分切猪扒

（3）先将所有调料加入干红葱头、大蒜，搅拌均匀，加入猪扒里，再轻搅拌至猪扒吸干水，腌约60分钟（图3.50）。

图3.50 腌猪扒

（4）先将分切好的芝士、火腿加入猪扒中间（图3.51），分别拍上面粉（图3.52）、拖上鸡蛋液、沾上面包糠（图3.53），然后用刀压上网纹（图3.54）。

图3.51 将芝士、火腿加入猪扒中间

图3.52 拍面粉

图3.53 拖鸡蛋液、沾面包糠

图3.54 用刀压上网纹

（5）将油加热到170～180 ℃，炸约5分钟金黄至熟即可（图3.55）。

图3.55 炸猪扒

图3.56 维也纳猪扒成品图

3）特点

外酥脆内嫩，芝士味香浓（图3.56）。

任务9 香烤牛排

1）原料

（1）主料：牛排250克（图3.57）。

（2）辅料：杏鲍菇1只、迷迭香3克、百里香3克、大蒜5克（图3.57）。

（3）调料：黄油8克、黑椒碎10克、松露酱50克、海盐5克、食用油10克（图3.58）。

图3.57 香烤牛排主辅料

图3.58 香烤牛排调料

图3.59 杏鲍菇切厚片

2）制作流程

（1）将杏鲍菇清洗干净切厚片（图3.59）；将大蒜去头、去尾，切厚片。

（2）熟成（排酸）过的牛排，要在室温环境下放置20～30分钟再打开真空包装袋，用吸水纸吸干表面的水，两面撒上黑椒碎、海盐（图3.60）。

图3.60 撒黑椒碎、海盐

图3.61 煎牛排

（3）将平底锅充分预热，加入食用油，需要达到油的烟点，然后将牛排平放入锅，下锅后待胡椒散发焦香时将火力调至小火，煎2.5～3分钟，待牛排表面有星星点点的红色肉汁析出时就可以翻面了，在完成翻面后，将黄油、大蒜入锅，再将百里香摆放在牛排面，加温过程分多次将融化的黄油淋在牛排上面的百里香，让百里香、蒜味能注入牛排，增加油润质感。反面煎2.5～3分钟即可（图3.61）。

图3.62 煎杏鲍菇

（4）离火，先将松露酱均匀涂在牛排表面，再放进烤箱180 ℃烤8分钟。

（5）将杏鲍菇用黄油煎熟，摆入盘子，再将烤好的牛排摆在煎熟的杏鲍菇上面即可（图3.62）。

3）特点

柔嫩多汁，菌香四溢（图3.63）。

注：熟成（排酸）过的牛排，一定要在室温环境下放置20~30分钟再下锅。原因：太凉的牛排会耗费锅底的初始热度，使牛排表层脱水的速度放缓；同时，剧烈温差也会使肌纤维收缩程度更剧烈，溢出更多汁水，这都不利于“焦化外壳”的形成，如此煎出的牛排表层灰白如同水煮肉排，肉香和油润感会大打折扣。

厚度：如果牛排厚度小于1.5厘米，想要得到“肉汁”和“焦香”并存的牛排其实难度比较大，因为薄牛排从“柔嫩”跨越到“干硬”区间的窗口时间实在是太短了，可能不超过1分钟。因此，原切牛排最好能有适当的厚度，牛排的厚度和横截面大小负相关，对横截面较大（西冷、肋眼）的牛排推荐厚度为2.5~3厘米；对横截面较小（牛小排、板腱）的牛排推荐厚度为3.5~4.5厘米。这样的厚切牛排煎起来才有足够的（容错）时间，能让表面彻底焦化的同时，内部也不会因为升温过快而过度流失汁水。

温度：煎牛排优先选择材质厚实的平底锅。烤烫厚底锅需要的总热量要比烤烫薄底锅更多，牛排下锅后薄底锅降温会比厚底锅快。从热量守恒的角度看，厚底锅在热度上的“续航”能力更强，即使肉汁不停蒸发吸热，锅底也能维持相对较久的高温，这利用牛排焦化外壳的形成。厚底锅因为火力调整导致的温度变化也比较缓和，这同样有利于牛排的均匀受热。

图3.63 香烤牛排成品图

任务10 香烤鸡排

1）原料

（1）主料：鸡腿肉250克（图3.64）。

（2）辅料：洋葱1个、红椒1个、青椒1个（图3.64）。

（3）调料：盐焗鸡粉5克、咖喱油12克、生粉7克、蒜盐3克、食用油10克。

图3.64 香烧鸡排主料及辅料

2）制作流程

（1）将鸡腿肉清洗干净去骨，切除多余脂肪，将盐焗鸡粉、咖喱油（留2克）、生粉一起加入捞均匀，置于风冷冷藏室至少2小时备用。

（2）将洋葱、红椒、青椒分别切成圈，然后将切好的洋葱圈、红椒圈、青椒圈加入蒜盐、咖喱油（第1步留的2克）捞匀备用。

（3）将平底锅充分预热，加入食用油，再将鸡腿肉带皮一面平放入锅，煎1.5～2分钟，待鸡腿肉有点收缩，肉边有点变白色时，反过来煎另外一面1.5～2分钟。

（4）离火，将洋葱圈3只、红椒圈3只、青椒圈3只垫底，鸡排摆上面入烤箱180 ℃烤15分钟，然后将剩下的洋葱圈、红椒圈、青椒圈摆在鸡排上面再烤2～3分钟至鸡排熟即可。

（5）将烤好的鸡排摆上盘，再将洋葱圈、红椒圈、青椒圈摆在鸡排上面，配上配食即可。

3）特点

肉质细嫩，滋味鲜香（图3.65）。

图3.65 香烤鸡排成品图

项目 4

湛江风味菜制作

湛江，位于我国大陆南端，是获得全国首块“中国海鲜美食之都”称号的滨海城市。湛江海鲜美食在全国久负盛名，素有“吃海鲜，到湛江”的美誉。2017年7月，湛江海鲜美食走进了央视《美丽中国城》，让全国人民看到了湛江的特色海鲜美食。

湛江菜属传统地道的粤菜，但与广东其他地方菜相比，却有着浓郁的地方风味和独特的魅力。湛江菜最大的特点是选料鲜活，原汁原味。湛江菜因原料新鲜，烹调法多以粗料烹制，讲求原汁原味而独具一格。为了保持食料的原味，湛江菜在烹饪上多以白焯、水煮、清蒸、炒、干煎及明炉焗、砂煲焗等方法为主，并少放调料务求带出材料最原始的风味，令食客有越清淡越滋味的返璞归真之感。

俗话说，“靠山吃山，靠海吃海”。湛江菜式具有和别处不同的特色，这与湛江所处的地理位置有密切的关系。湛江地处亚热带，热带面积约占全国的10%，拥有众多港湾，海岸线长、滩涂多，加上供鱼、虾、蟹、贝等食用的微生物相当丰富，所以湛江的海产品种十分丰富。因此，主打新鲜海鲜的湛江菜肴，给人的感觉就是新鲜、好吃、汁甜、味鲜，甚而色香味俱全。

湛江海鲜，享誉全国。除了名声在外的官渡生蚝、最大的对虾养殖基地的斑节虾、硇洲龙虾和鲍鱼、黄油蟹之外，还有鱿鱼、石斑鱼、墨鱼、花蟹、海蜇、东风螺、沙虫、泥丁等新鲜、质优、价廉的天然风味海产，吸引了大批本地和外地的食客。炭烧生蚝、蒜蓉蒸鲍鱼、芝士焗龙虾、酥炸九肚鱼、泥虫粥、海鲜粥、海鲜捞粉等，令人大饱口福。就是一碗简简单单的杂鱼汤，也可以让食客流连忘返。

湛江海产品声名远播，湛江鸡也深受食客欢迎。广东人有句俗语，叫“无鸡不成宴”。产于中国广东省湛江市的肉用型良种鸡，被称为湛江鸡。湛江鸡享有盛名。湛江鸡通常是指毛黄、爪黄、皮黄的三黄鸡。湛江本地以三黄鸡烹制而出的吰记白切鸡、广海清水鸡、廉江安铺阉鸡、罗氏鸡、吴川林中凤、雷州嘉仙鸡、酵素鸡、凤梨鸡、辣木鸡等品种，都属于“湛江鸡”系列。

湛江人对鸡的烹制方法花样百出，有经典的“白斩鸡”、新做法的“隔水蒸鸡”“蛤蒌鸡”“生姜头鸡汤”，还有令人回味童年生活的“瓮鸡”。烹制花样百出的湛江鸡，稳占湛江的餐桌，甚至走出湛江，享誉省城及珠三角。

湛江美食的品牌越来越响，政府扶持和推广的力度越来越大，湛江饮食业迎来了良好的发展局面。

2018年4月，广东省委省政府创造性地推行了“粤菜师傅”工程。2020年又赋予这个工程更深远的意义，在“广东技工”“粤菜师傅”和“南粤家政”3个项目中，又将精准扶贫和乡村振兴工作增加在粤菜师傅工程里让整个工程有了新的使命。近年来，结合“粤菜师傅”工程，湛江饮食服务业商会和烹饪行业协会在湛江市委市政府的指导和支持下，开展“中国海鲜美食之都”美食名店、名师、名菜（点）、名宴等“四名工程”的评选推介工作，催生一批湛江海鲜美食名店、名菜、名点、名宴、名师；还积极开展“中国海鲜美食之都”名镇、名街、名产、名小吃等“新四名工程”的品牌认定工作，充分挖掘和弘扬海鲜美食文化，推动湛江市海洋美食文化的研究、推广和营销。湛江美食正形成多元化、系统化的新格局，湛江饮食行业的专家和广大烹饪师傅更加努力地工作，积极地传承和发扬湛江的饮食文化。

任务1 鱼仔海鲜汤

1）原料

（1）主料：杂鱼250克、基围虾100克、花螺150克（图4.1）。

（2）辅料：五花腩肉50克（图4.1）。

（3）料头：姜片、葱段（图4.2）。

图4.1 鱼仔海鲜汤主料及辅料

图4.2 鱼仔海鲜汤料头

（4）调料：精盐10克、味精3克、花生油20克等。

2）制作流程

（1）将杂鱼去鳞、去鳃、取内脏，清洗干净，待用；将花螺吐沙后和基围虾分别清洗干净，待用。

（2）烧热砂锅，倒入清汤煮开，先放入五花腩肉煮沸后，加入杂鱼、基围虾、花螺和姜片，再煮沸后调味（图4.3）。

图4.3 煮鱼

（3）加入葱段，煮开后，淋上花生油。

（4）关火即可。

3）特点

鱼汤咸鲜甜，五花腩肉融入鱼的鲜味，两者相得益彰，突出海鲜的鲜，营养价值高（图4.4）。

图4.4 鱼仔海鲜汤成品图

任务2 酥炸沙虫

1）原料

（1）主料：沙虫500克（图4.5）。

（2）调料：精盐5克、干生粉50克、鸡蛋清10克、盐焗鸡粉20克（图4.6）。

（3）装盘用具：花纸1张（图4.7）。

图4.5 酥炸沙虫主料

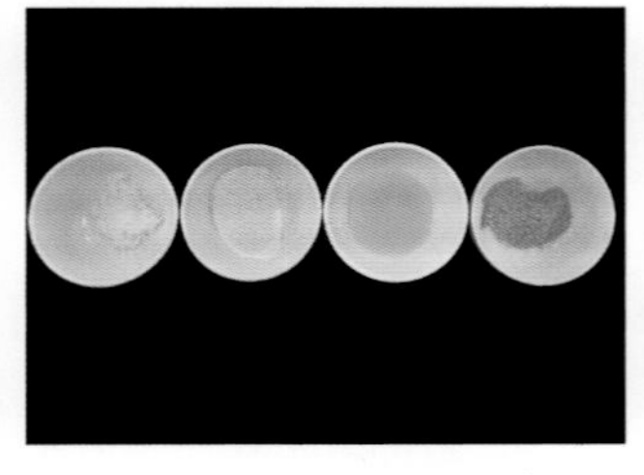

图4.6 酥炸沙虫调料

图4.7 装盘用具（花纸）

2）制作流程

（1）将沙虫清洗干净，用毛巾吸干水（图4.8）。

图4.8　清洗沙虫并吸干水

（2）用精盐腌制后，抹上微量鸡蛋清，拍上少量干粉，用手拉直，放在干净碟子上，待用（图4.9）。

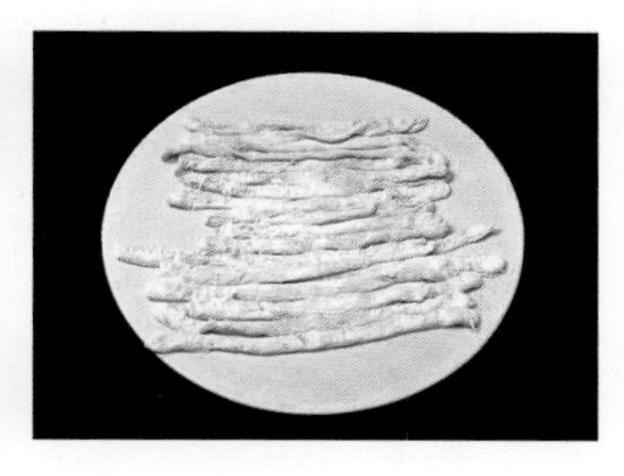

图4.9　腌制沙虫

（3）起油锅，烧至160 ℃，把沙虫一条一条顺直地放到油锅里，用慢火浸炸至熟，待松脆、浅金黄时，倒入笊篱，滤干油分（图4.10）。

图4.10　浸炸沙虫

图4.11　酥炸沙虫成品图

（4）将沙虫整齐摆放在垫着花纸的碟子上，撒上盐焗鸡粉即可。

3）特点

沙虫酥脆松化、味道鲜美，口感甘香，色泽浅金黄（图4.11）。

任务3　炭烧生蚝

1）原料

（1）主料：原只生蚝12只（图4.12）。

（2）料头：辣椒圈5克（图4.13）。

（3）调料：蒜蓉汁75克、花生油20克（图4.14）。

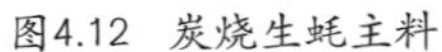
图4.12　炭烧生蚝主料

图4.13　炭烧生蚝料头

图4.14　炭烧生蚝调料

2）制作流程

（1）将原只生蚝去掉一半壳，让一半蚝壳装着蚝肉，清洗干净，备用（图4.15）。

（2）起炉烧炭，烧至中火时把生蚝整齐摆放在炭烤炉上，浇上蒜蓉汁覆盖生蚝，进行烤制（图4.16）。

（3）当生蚝壳上的水沸腾时，把辣椒圈放在蒜蓉汁上面，淋上花生油（图4.17）。

图4.15　生蚝去壳

图4.16　烤制生蚝

图4.17　放辣椒圈

（4）待烤至1分钟后，生蚝肉开始收缩时，取出，装盘即可。

3）特点

生蚝肉质鲜美，口感嫩滑，蒜香味浓（图4.18）。

图4.18　炭烧生蚝成品图

任务4　油盐蒸泥丁

1）原料

（1）主料：泥丁肉200克（图4.19）。

（2）料头：葱花5克（图4.20）。

（3）调料：精盐5克、白糖3克、味精3克、花生油10克（图4.21）。

图4.19 油盐蒸泥丁主料

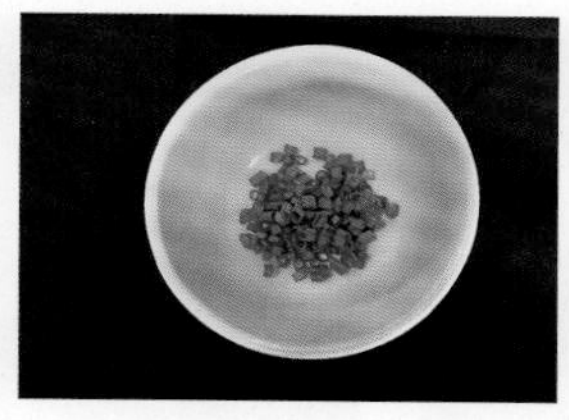
图4.20 油盐蒸泥丁料头

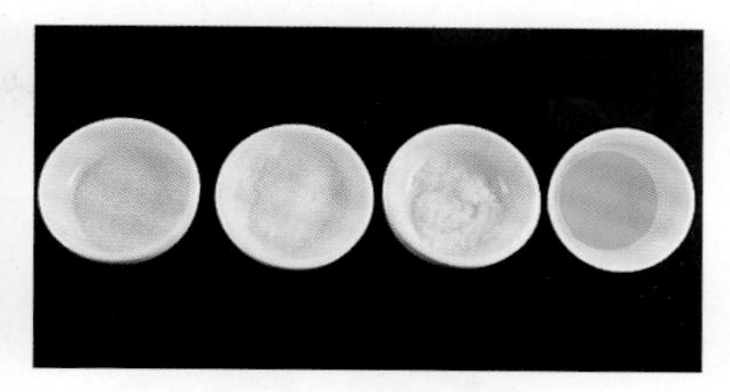
图4.21 油盐蒸泥丁调料

2）制作流程

（1）将翻好的泥丁用清水清洗干净，用毛巾吸干水，待用（图4.22）。

图4.22 清洗泥丁并吸干水

图4.23 腌制泥丁

图4.24 蒸泥丁

（2）将泥丁放在盘中，调入调味料拌均匀，腌制1分钟，摆在碟子上（不要重叠在一起）（图4.23）。

（3）用猛火蒸3分钟，取出（图4.24）。

（4）撒上葱花、浇上热油，即可。

3）特点

泥丁肉质鲜美，口感嫩滑，咸鲜美味（图4.25）。

图4.25 油盐蒸泥丁成品图

任务5 湛江白斩鸡

1）原料

（1）主料：湛江本地走地阉鸡2 500克（图4.26）。

（2）料头：大姜片25克、葱条20克（图4.27）。

（3）调料：精盐20克、味精10克（图4.28）。

（4）蘸料：拍砂姜10克、蒜子10克、生抽10克、花生油10克（图4.29）。

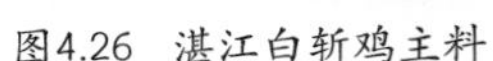
图4.26　湛江白斩鸡主料

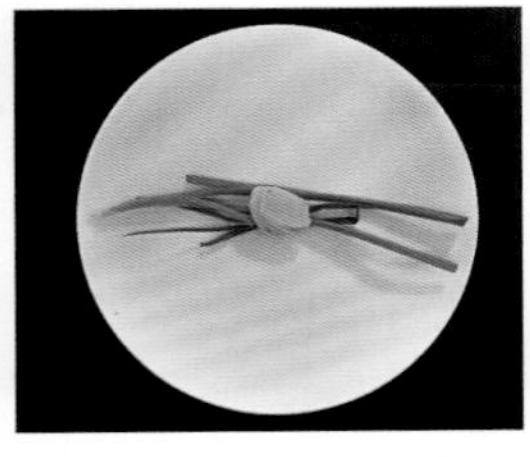

图4.27　湛江白斩鸡料头

图4.28　湛江白斩鸡调料

图4.29　湛江白斩鸡蘸料

2）制作流程

（1）把已宰杀的阉鸡清洗干净，用精盐、味精擦鸡的表皮和鸡膛，待用（图4.30）。

图4.30　清洗并初步处理宰杀阉鸡

（2）用大汤锅大火煮水，水沸开，调入精盐、味精，放入阉鸡（水必须能浸没整鸡）和料头，用中小火煮制30分钟后，用竹签扎进鸡大腿肉里，如果流出的液体是清澈透明的则鸡成熟；如果流出的液体是红色或粉红色，则未熟，需要继续煮制（有经验的师傅只需要用手捏鸡腿关节处，根据肉紧实程度和肉与骨头的分离程度就能判断成熟度）（图4.31）。

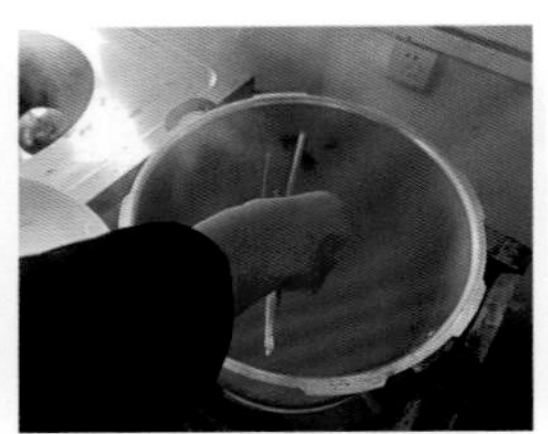

图4.31　煮阉鸡

（3）取出晾凉，斩件摆成鸡形状，跟上蘸料佐食即可（图4.32）。

图4.32　鸡斩件

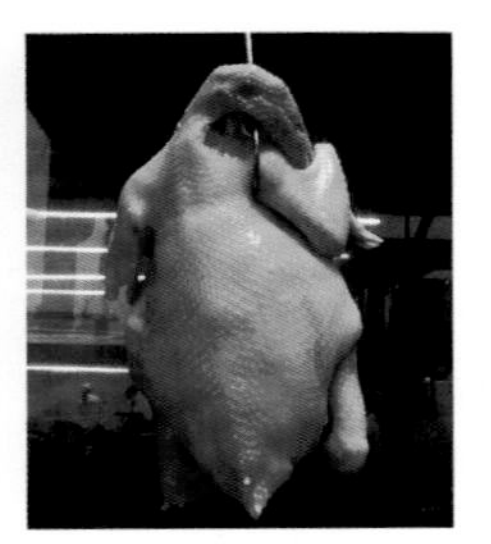

图4.33　湛江白斩鸡成品图

3）特点

口感鲜香滑溜，肉质咀嚼脆口、有弹性，齿颊留香，富含营养（图4.33）。

任务6　烂锅炒粉

1）原料

（1）主料：梅菉细河粉600克、银芽100克（图4.34）。

（2）料头：蒜蓉5克、葱花5克（图4.34）。

（3）调料：精盐5克、味精3克、白糖3克、生抽5克、蚝油5克、猪油10克、胡椒粉1克、麻油2克（图4.34）。

图4.34　烂锅炒粉主料、料头及调料

图4.35　蒜蓉炒香

2）制作流程

（1）烧热锅，用猪油把蒜蓉炒香，放入河粉（图4.35）。

（2）先把河粉用锅铲搅拌松散，调入调料搅拌均匀，再压平在锅上，用慢火煎制，煎至河粉表面金黄（图4.36）。

图4.36　煎制河粉

（3）加入银芽，撒上葱花，用猛火炒制均匀（图4.37）。

（4）起锅，装碟子上，即可（图4.38）。

图4.37　猛火炒制

图4.38　起锅装碟

3）特点

河粉锅气充足，猪油味香浓、蒜香扑鼻，齿颊留香（图4.39）。

图4.39 烂锅炒粉成品图

任务7 瓦罉焗一夜埕马友鱼

1）原料

（1）主料：湛江一夜埕马友鱼500克（图4.40）。

（2）辅料：五花腩肉50克（图4.40）。

（3）料头：姜片10克、香菜5克（图4.40）。

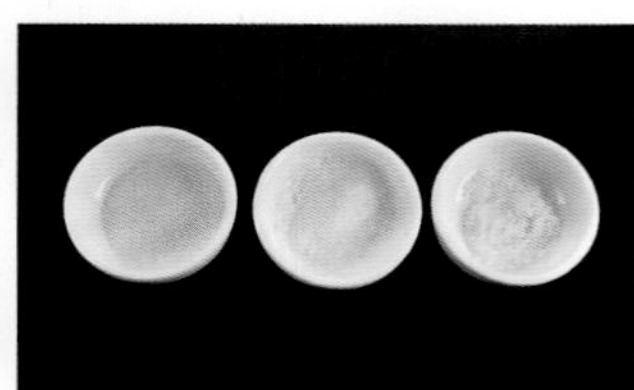

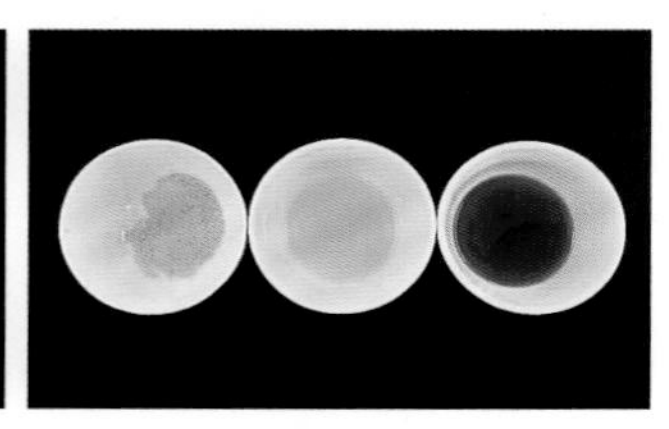

图4.40 瓦罉焗一夜埕马友鱼主料

图4.41 瓦罉焗一夜埕马友鱼调料

（4）调料：精盐5克、味精3克、白糖3克、胡椒粉1克、花生油50克、麻油2克（图4.41）。

2）制作流程

（1）将马友鱼改刀切成长6厘米、宽2厘米、厚1厘米的日字形状，用调料拌均匀腌制（图4.42）。

（2）将腩肉切成中片状，待用。

（3）先将腩肉一片一片整齐平摆放在锅底下，接着将姜片放在腩肉上面（图4.43）。

（4）将腌制好的马友鱼一块块整齐横着摆在最上层，淋上花生油，盖好锅盖（图4.44）。

图4.42 切马友鱼、腩肉

图4.43 摆放腩肉

图4.44 淋花生油

（5）用中小火均匀地焗5分钟后，至腩肉、马友鱼成熟（图4.45）。

图4.45 焗腩肉、马友鱼

（6）放入香菜，关火起锅，即可。

3）特点

鱼肉香味浓，肉质松软，咸鲜可口（图4.46）。

图4.46 瓦罉焗一夜埕马友鱼成品图

任务8 酥炸捞牛鱼

1）原料

（1）主料：捞牛鱼（九肚鱼）500克（图4.47）。

（2）辅料：鸡蛋粉浆150克（图4.48）。

（3）调料：精盐10克、干生粉150克、食用油2000克、味粉5克（图4.49）。

图4.47 酥炸捞牛鱼主料

图4.48 酥炸捞牛鱼辅料

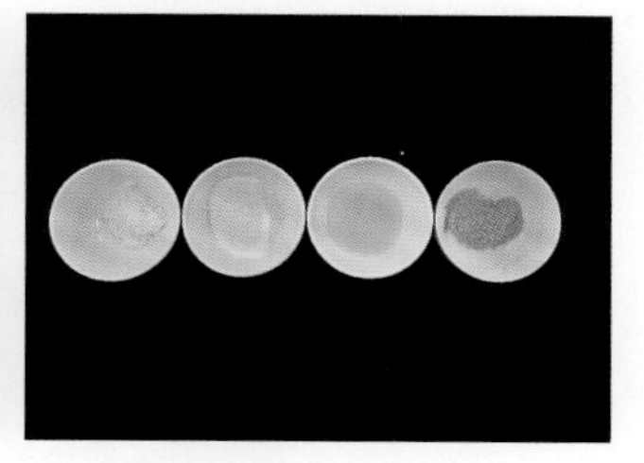

图4.49 酥炸捞牛鱼调料

（4）蘸料：盐焗鸡粉20克。

2）制作流程

（1）将捞牛鱼去头和内脏，清洗干净（图4.50）。

（2）将捞牛鱼切成4厘米长的段状，用精盐、味粉腌制，待用（图4.51）。

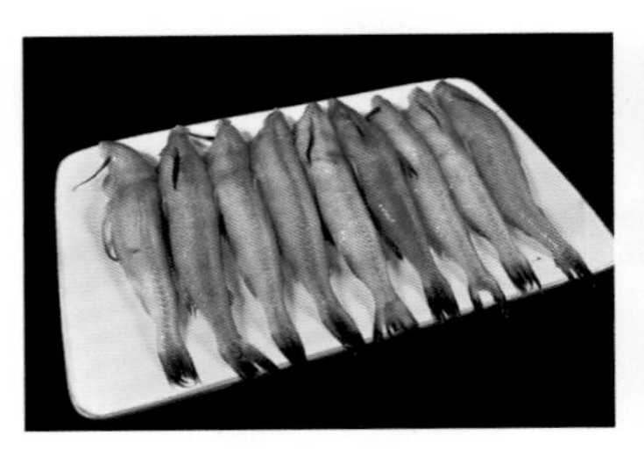

图4.50 清洗捞牛鱼

图4.51 捞牛鱼切段腌制

（3）将腌制好的捞牛鱼放在鸡蛋浆中拌均匀，取出，拍上干生粉（图4.52）。

图4.52 拍上干生粉

（4）起锅，烧油至180 ℃，放入上好粉的捞牛鱼，用慢火浸炸至熟，松脆，捞起（图4.53）。

图4.53 浸炸捞牛鱼

（5）先把油锅烧至180 ℃，再把捞牛鱼放入油中复炸至金黄色，倒入笊篱，滤干油分（图4.54）。

（6）把捞牛鱼整齐摆放在碟子上，放上盐焗鸡粉蘸点食用即可（图4.55）。

图4.54 笊篱滤干油分

图4.55 捞牛鱼整齐摆放

3）特点

肉质嫩滑，味道咸鲜，外脆里嫩，色泽金黄（图4.56）。

注：捞牛鱼是湛江当地人对九肚鱼的叫法。

图4.56 酥炸捞牛鱼成品图

任务9 盐水煲干虾

1）原料

（1）主料：斑节虾500克（图4.57）。

（2）调料：海水粗盐15克（图4.57）。

图4.57 盐水煲干虾主料及调料

2）制作流程

（1）将斑节虾清洗干净，待用。

（2）将砂锅烧热，把斑节虾放入锅内，撒上海水粗盐，用筷子把虾和海水粗盐搅拌均匀受热（图4.58）。

（3）加盖，用中火加热3分钟（图4.59）。

（4）先打开锅盖，用筷子上下翻动，让虾受热均匀，至虾成熟，再用猛火煮干虾身（图4.60）。

（5）关火起锅，即可（图4.61）。

图4.58 加海水粗盐并加热

图4.59 加盖加热

图4.60 翻动虾

图4.61 关火起锅

3）特点

肉质鲜甜，质感咸香，色泽红亮（图4.62）。

图4.62 盐水煲干虾成品图

任务10 沙虫煲鸡汤

1）原料

（1）主料：光鸡500克（图4.63）。

（2）辅料：沙虫肉200克（图4.64）。

（3）料头：姜片5克、葱段5克（图4.65）。

图4.63 沙虫煲鸡汤主料

图4.64 沙虫煲鸡汤辅料

图4.65 沙虫煲鸡汤料头

（4）调料：精盐5克、味精3克、白糖3克、花生油5克（图4.66）。

（5）特色材料：沙虫血水500克（图4.67）。

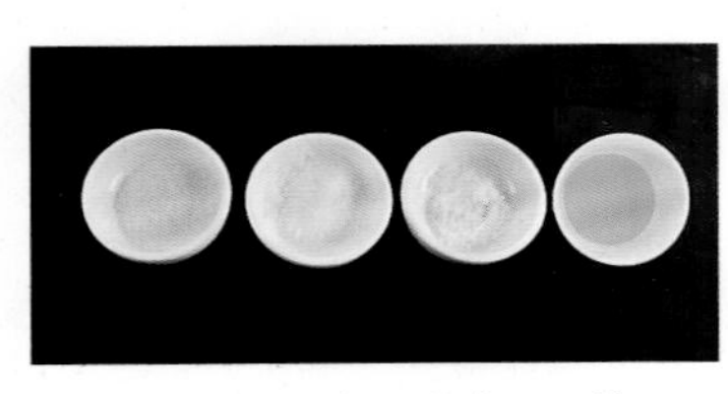

图4.66 沙虫煲鸡汤调料

图4.67 沙虫血水

2）制作流程

（1）将沙虫清洗干净，倒出滤干水，待用（图4.68）。

（2）将光鸡斩件，清洗干净，倒出滤干水，待用（图4.69）。

图4.68 沙虫洗净

图4.69 光鸡斩件洗净

（3）起火烧砂锅，倒入清水与沙虫血水煮沸，放入鸡肉和姜片，煮沸至鸡成熟（图4.70）。

图4.70 煮沸至鸡成熟

（4）调味，放入沙虫，煮沸，放入葱段，淋上花生油（图4.71）。

图4.71 放入沙虫

（5）关火起锅，即可。

3）特点

肉质细嫩，口感鲜甜，汤水清甜（图4.72）。

注：沙虫血水，先将鲜沙虫表面沙粒清洗干净，再用干净的清水（条件允许可以用矿泉水）翻好沙虫，让沙虫肚子里的血水流到水中后，将水放置一段时间让沙粒沉淀后，再将血水倒出，过滤去掉沙粒，即可。

图4.72 沙虫煲鸡汤成品图

项目 5

茂名风味菜制作

茂名，广东省辖的地级市，市辖茂南、电白两区，代管高州、信宜、化州3个县级市，位于广东省西南部、鉴江中游，东毗阳江，西邻湛江，北连云浮和广西壮族自治区，南邻南海。茂名有迂回海岸线220千米，有水东、博贺、莲头、东山等大小26个港湾，海产丰富，对虾、蟹、鱼类等海产丰富，并且水产养殖享誉盛名，闻名全国。

茂名除有“南海之滨”的优势外，山地面积为1 300平方千米，地势包含了山地、丘陵、台地、平原等，加上其热带亚热带季风温和气候，为粮食作物、蔬果、山珍、禽畜等的生长提供了良好的天然条件。因此，茂名的“三高农业”蓬勃发展，荔枝、龙眼、香蕉等驰名中外。

尽管茂名有海岸线，但与其陆地面积相比，“海”的面积还是比较少的。由于茂名地区各地地理环境、人文风俗不同，茂名菜主要可分为两类，第一类是电白等临海地区的主要菜品海鲜，口味清淡，讲究清、鲜、香、嫩，烹饪方式多为白灼、水煮、煎等，以保持原汁原味。但为了口味的多元，海鲜的做法也有焖、烤、烧、炒等。在食材选择上以海产品为主，禽畜等为辅。第二类是化州、高州和信宜3个地区的主要菜品，由于这3个地区所处的地理位置多为山地、丘陵地带，因此其菜品以农家菜为主，特点为主料突出，原汁原味，讲求酥、软、香、浓，注重火候，以煎、炒、炖、焖、煲见长；味型以咸香为主。在原料选择上则以禽畜类、蔬菜为主，海产品为辅。随着经济的发展，以及饮食文化的不断沉淀，茂名菜形成了以粤菜风味为主，本土特色明显，选料要求正宗、地道，口味讲究清淡鲜活的特点。

“无鸡不成宴”，是茂名地区的一个重要饮食文化。特别是逢年过节，“鸡”的菜肴是必不可少的，其中白斩鸡最为常见，以化州葱油鸡、隔水蒸鸡、墨鱼饼为出名。除了鸡的菜品外，还有一些比较有名的独特美食，如水东鸭粥、菜包粄、簸箕炊、煮汤粄、捞河粉、化州糖水、东岸豆饼角、信宜杨桃鸭、信宜食惯嘴粉皮……

随着生活水平的提高，茂名人不但讲究如何吃得好，还注意有益健康，含胆固醇较高的和肥腻的食品被不少人戒避。家庭一汤几菜当为常餐，菜肴不仅美味可口，还讲究造型美

观、色香俱全。街边的大排档夜市更成饮食业的景观，每当夕阳西下，便灯火通明，鱼片粥、白鸽粥、大锅狗、炒田螺、海鲜等风味，溢香袭人，顾客如云。

任务1 香煎河鱼

1）原料

（1）主料：河鱼500克。

（2）调料：味精2克、盐5克、生抽5克。

（3）料头：洋葱50克、蒜头15克、红椒10克、姜10克（图5.1）。

2）制作流程

（1）清洗原料。将河鱼和调辅料清洗干净。

（2）原料初加工。将河鱼撒上盐、味精、生抽腌制，姜、红椒切丝，洋葱切小片装碟备用（图5.1）。

（3）干煎河鱼。热锅冷油，将河鱼平铺在平底锅中，直至河鱼煎至两面金黄色（图5.2）。

图5.1 香煎河鱼主料及部分调辅料

图5.2 干煎河鱼

（4）起锅摆碟。碟底铺上洋葱片，将煎好的河鱼整齐摆放至碟中（图5.3）。

（5）成品出碟。将切好的姜丝和红椒丝铺在河鱼上面，淋上些许热油（图5.4）。

图5.3 起锅摆碟

图5.4 淋上热油

3）特点

香味浓郁，入口焦香。

任务2 红枣隔水蒸鸡

图5.5 原料初加工

1）原料

（1）主料：怀乡三黄鸡1500克（1只）。

（2）调辅料：精盐6克、花生油10克、玉竹25克、红枣50克、枸杞20克、姜15克、洋葱20克、香菜10克。

2）制作流程

（1）原材料初加工。把鸡的内外清洗干净，玉竹、红枣、枸杞用水泡两分钟后清洗干净，姜和洋葱切小片，装碟备用（图5.5）。

（2）腌制。将鸡的内外抹上一层精盐和花生油，将一半玉竹、红枣、枸杞、姜片和洋葱片塞进鸡肚子里，另一半撒在鸡的上面，装碟备用（图5.6）。

（3）蒸鸡。把处理好的鸡放在托盘上，并放入蒸柜蒸35分钟（图5.7）。

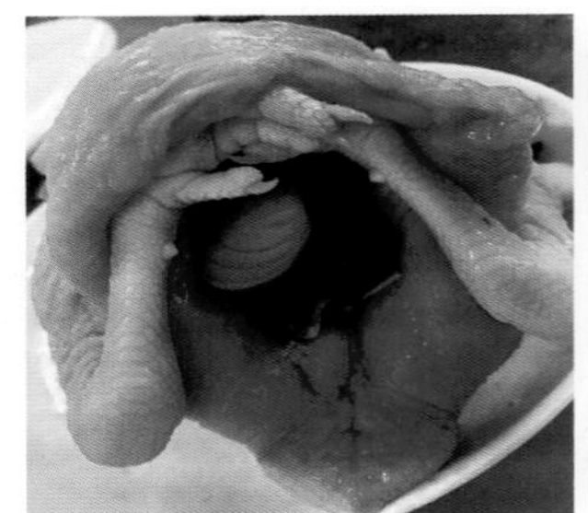

图5.6 腌制鸡

图5.7 蒸鸡

（4）砍件摆碟。先将蒸好的鸡拿出，将鸡和汤汁分开，鸡冷却后砍成均匀块状，整齐摆放碟中，再倒入汤汁。

3）特点

鲜嫩滑爽，清甜可口（图5.8）。

图5.8 红枣隔水蒸鸡成品图

任务3 函口苦瓜酿

1）原料

（1）主料：贵子函口苦瓜1000克、瘦肉300克。

（2）调辅料：盐8克、味精2克、蚝油5克、白糖2克、料酒10克、胡椒粉3克、生粉25克、油适量、干香菇10克、小葱20克、枸杞50克、蒜蓉10克等。

2）制作流程

（1）原材料清洗。将苦瓜、瘦肉清洗干净。将干香菇、枸杞泡水洗净。

（2）原料切配。将苦瓜切成5厘米小段、去瓤，瘦肉切成末状，小葱切粒，香菇捏干水后切粒，放碟中备用（图5.9）。

（3）调制肉馅。将葱花、香菇粒、瘦肉末、蒜蓉放入盘中，倒入盐、味精、蚝油、白糖、料酒、胡椒粉、生粉、油拌匀（图5.10）。

图5.9 原料切配

图5.10 调制肉馅

（4）热锅烧水，将苦瓜段放入锅中焯水，捞出过冷水，冷却后放入碟中备用（图5.11）。

（5）酿苦瓜。将调制好的馅塞入苦瓜中（图5.12）。

（6）蒸苦瓜酿。将弄好的苦瓜酿整齐摆放碟中，每个苦瓜段上撒上枸杞（图5.13），放入蒸柜中蒸25分钟即可。

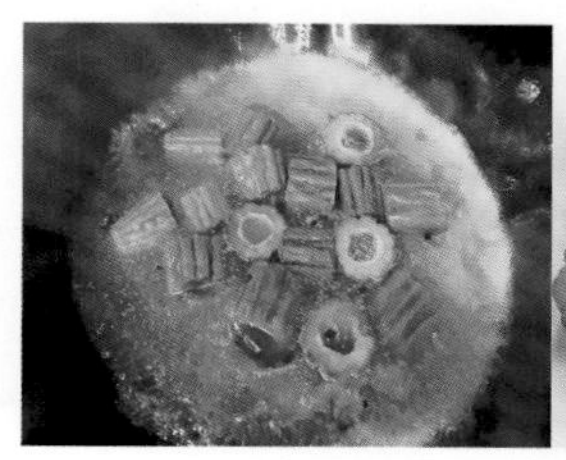

图5.11 苦瓜段焯水

图5.12 酿苦瓜

图5.13 蒸苦瓜酿

3）特点

葱香气诱人，苦瓜微苦质嫩，肉质鲜滑（图5.14）。

图5.14　函口苦瓜酿成品图

任务4　滋补羊腩扣

1）原料

（1）主料：黑山羊羊腩1000克。

（2）调辅料：盐5克、味精3克、蚝油5克、白糖3克、料酒10克、扣肉香料3克、油10克、草果1颗、香叶2片、八角5克、桂皮10克、辣姜5克、蒜头5克、葱2克、姜5克、洋葱5克等。

2）制作流程

（1）原材料清洗。羊腩烧尽毛，洗净备用。

（2）原材料切配：将洋葱切小片，小葱切小段备用（图5.15）。

（3）煮羊腩。热锅烧水，放入姜片、料酒、羊腩，把羊腩煮熟后捞出，沥干水备用。

（4）炸羊腩。热锅烧油，油烧至五六成热（150～160 ℃）后，放入羊腩，羊腩炸至表皮金黄色后捞出（图5.16）。

（5）炒辅料。热锅冷油，放入姜片、八角、桂皮、香叶、葱段、洋葱片、蒜头，爆香（图5.17）。

图5.15　滋补羊腩扣原料初加工

图5.16　炸羊腩

图5.17　炒辅料

（6）辅料炒香后，放入羊腩，翻炒几下后加入盐、味精、蚝油、糖、扣肉香料再翻炒几下，出锅备用（图5.18）。

（7）高压锅压羊腩。把炒好的羊腩连带配料一起倒入高压锅中，加入适量的水，放在煤气灶上烧制20分钟（图5.19）。

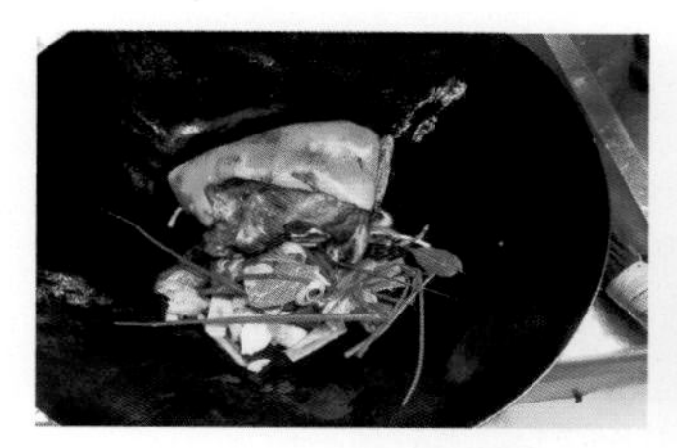

图5.18 炒羊腩

图5.19 烧制羊腩

（8）切配摆碟。把煮好的羊腩捞出，冷却后切成均匀片状，倒扣入碟中，再淋上汤汁即可。

3）特点

肉质鲜嫩，绵滑爽口（图5.20）。

图5.20 滋补羊腩扣成品图

任务5 杨桃鸭

1）原料

（1）主料：农家田鸭2000克（1只）。

图5.21 原料清洗切配

（2）调辅料：盐10克、味精5克、蚝油5克、生抽25克、白糖10克、料酒50克、米醋10克、油20克，杨桃干50克、八角10克、香叶5克、桂皮5克、干辣椒8克、洋葱10克、香菜10克、辣姜10克、蒜头20克等。

2）制作流程

（1）清洗切配。将鸭内外清洗干净，沥干水分。小葱切段，姜切片，洋葱切小块（图5.21）。

（2）热锅冷油，把整只鸭放入锅中翻炒，至鸭表皮稍微呈金黄色后放入姜片、杨桃干、八角、桂皮、香叶、干辣椒、洋葱翻炒均匀（图5.22）。

（3）鸭和配料炒均匀后，往锅中加入适量的水，加入盐、味精、生抽、蚝油、白糖、料酒、米醋，小火焖制30分钟后捞出鸭，冷却备用（图5.23）。

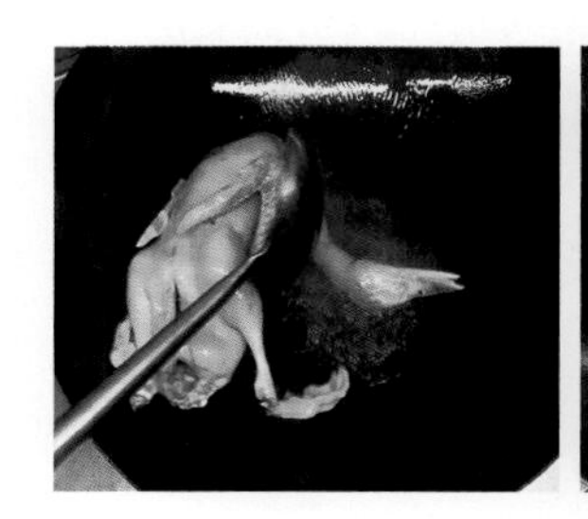

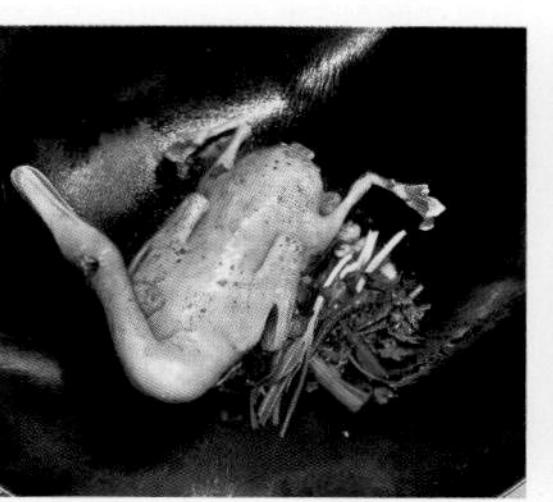

图5.22 炒鸭

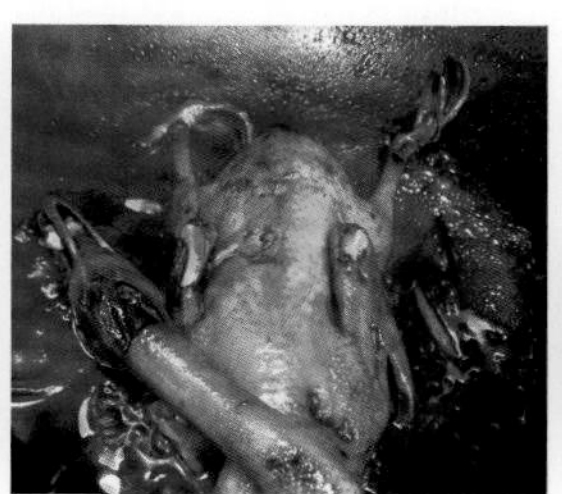

图5.23 焖鸭

（4）砍切摆盘。将冷却后的鸭砍成均匀块状，摆放在碟中，淋上汁撒上香菜即可。

3）特点

酸甜可口，香味浓郁（图5.24）。

图5.24 杨桃鸭成品图

任务6 荔浦扣肉卷

图5.25 荔浦扣肉卷主料及部分辅料

1）原料

（1）主料：五花肉1500克、香芋1000克（图5.25）。

（2）调辅料：盐8克、料酒15克、味精3克、蚝油5克、生抽5克、洋葱10克、胡椒粉3克、小葱粒10克、香菜10克、蒜蓉10克等（图5.25）。

2）制作流程

（1）将小葱洗净切段、洋葱洗净切小块备用。

（2）煮五花肉。五花肉洗净，热锅烧水，将五花肉下入冷水锅中煮熟透，捞出冷却备用。

（3）炸五花肉。在冷却的五花肉表面抹上盐、蚝油、生抽，热锅烧油至五六成油温（150～160 ℃），放入五花肉炸至表皮呈金黄脆皮捞出。

（4）热锅烧油，五六成油温（150～160 ℃）后把香芋放入油中炸至表皮金黄色，捞出冷却备用（图5.26）。

（5）将冷却的扣肉切成0.5厘米长片备用（图5.27）。

图5.26 炸香芋

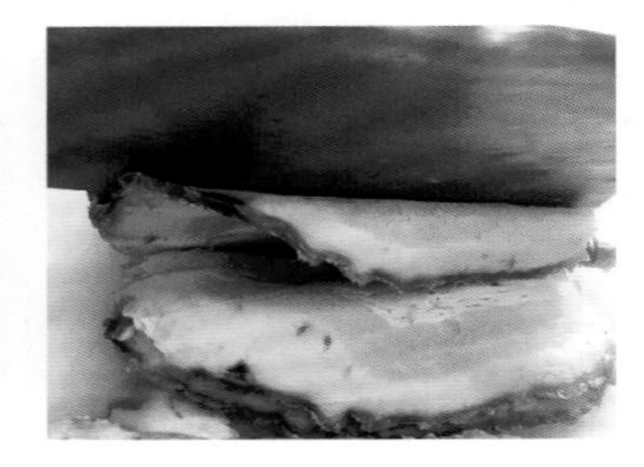

图5.27 切扣肉

（6）在切好的扣肉片中加入盐、生抽、蚝油、味精、胡椒粉、蒜蓉、小葱粒，拌匀（图5.28）。

（7）腌制好的每片扣肉卷住一块香芋，整齐摆放在碟中（图5.29）。

图5.28 腌制扣肉

图5.29 制作扣肉卷

（8）卷好的扣肉卷，放入蒸柜中蒸制30分钟后取出，装饰即可。

3）特点

口味浓淡适宜，色泽亮丽，芋头与肉味道互融，风味突出（图5.30）。

图5.30 荔浦扣肉卷成品图

任务7 韭菜炒樵芋粉

1）原料

（1）主料：白石官山樵芋粉600克、韭菜100克。

（2）调辅料：盐5克、生抽10克、白糖5克、味精3克、胡椒粉3克、油10克、紫苏50克、红椒10克、蒜头15克、小葱10克等。

图5.31 韭菜炒樵芋粉原料初加工

2）制作流程

（1）原料初加工。将芋粉泡软后捞出，沥干水备用；韭菜切粒备用；红椒切丝备用（图5.31）。

（2）热锅冷油，下入蒜头、红椒爆香，倒入芋粉翻炒均匀，加入盐、生抽、味精、胡椒粉、白糖翻炒均匀；撒入韭菜粒和小葱，翻炒10秒钟左右，出锅装盘（图5.32）。

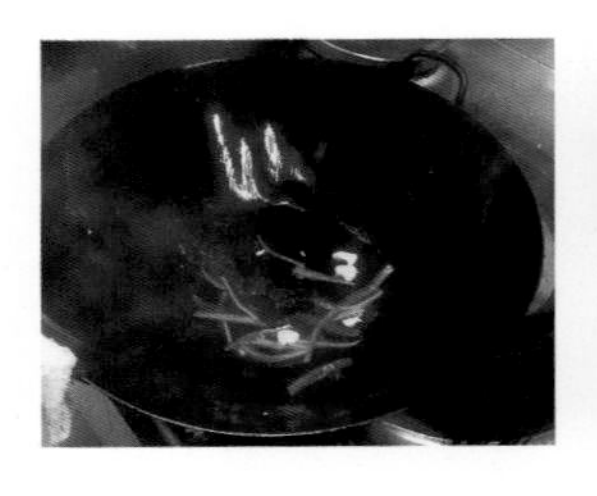

图5.32 炒芋粉

3）特点

滑爽可口，色美味香（图5.33）。

图5.33 韭菜炒樵芋粉成品图

任务8 白萝卜酿豆炸

1）原料

（1）主料：大成豆炸250克、白萝卜250克、瘦肉250克、韭菜100克、虾米100克。

（2）调辅料：盐10克、味精3克、鸡精3克、白糖3克、生抽5克、蚝油5克、生粉20克、油10克、葱10克、蒜头10克等。

2）制作流程

（1）原料初加工。将瘦肉、白萝卜、韭菜等洗净后切小粒备用（图5.34）。

（2）将瘦肉粒、韭菜粒、白萝卜粒和虾米混在一起，再次用刀剁碎备用；热锅冷油，把混合的瘦肉、韭菜、白萝卜粒和虾米倒入锅中，加入蒜蓉、盐、味精、鸡精、白糖、生抽、蚝油翻炒爆香后，出锅冷却备用（图5.35）。

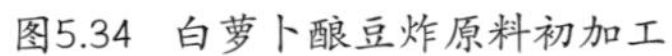

图5.34 白萝卜酿豆炸原料初加工

图5.35 制馅

（3）将豆炸一头切开一个小口，把制好的馅塞入豆炸中，整齐摆放在砂锅中（图5.36）。

图5.36 酿豆炸

（4）焖制酿豆炸。把装好豆炸的砂锅放在煤气灶上小火烧制30分钟后，关火即可。

3）特点

美味清香，既有豆香味又有韭菜味（图5.37）。

图5.37 白萝卜酿豆炸成品图

任务9 蜜汁莲藕片

1）原料

（1）主料：莲藕550克。

（2）调辅料：黄糖350克、红枣30克、姜片10克、小葱20克、盐1克、味精10克、生抽15克、蚝油15克、油10克、生粉20克等。

2）制作流程

（1）原料初加工。将莲藕去皮，洗干净备用（图5.38）。

（2）热锅烧水，水开后放入莲藕，莲藕煮至七八分熟后捞出备用（图5.40）。

（3）在高压锅中放入莲藕、红枣、黄糖、盐、味精，加入适量清水，小火压制30分钟（图5.40）。

（4）切藕片。将压制好的莲藕捞出，冷却后切成1厘米小片，整齐摆放在碟中。

（5）淋汁成品。热锅冷油，把高压锅中的汤汁倒入锅中，烧开后加入生粉，待汤汁浓稠后打出淋在莲藕片上即可（图5.41）。

图5.38 蜜汁莲藕片原料初加工

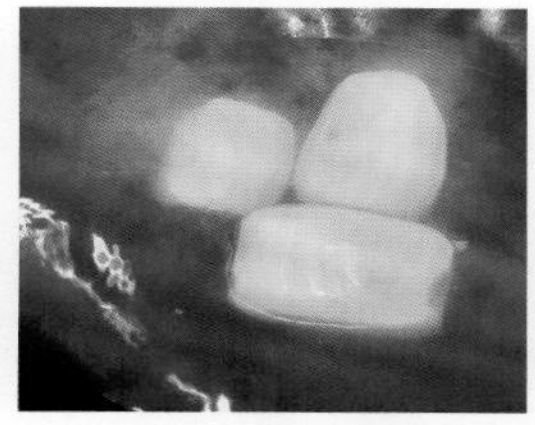

图5.39 莲藕焯水

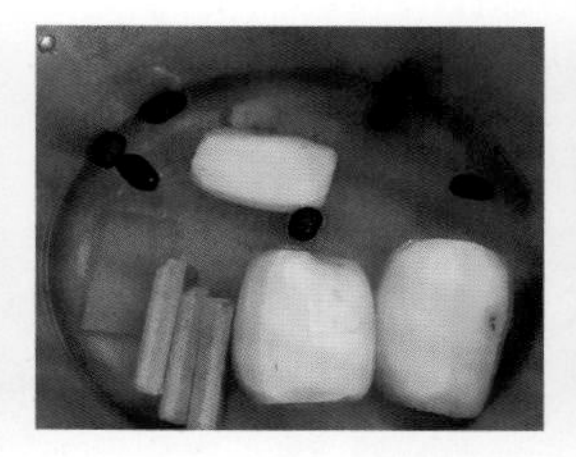

图5.40 压制莲藕

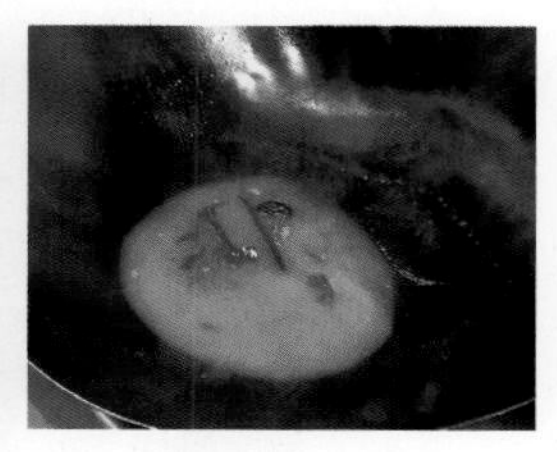

图5.41 烧汤汁

3）特点

色泽亮丽，香甜似蜜（图5.42）。

图5.42 蜜汁莲藕片成品图

任务10 山楂排骨

1）原料

（1）主料：猪排骨1000克、山楂100克。

（2）调辅料：生粉30克、盐10克、味精5克、白糖10克、生抽20克、老抽30克、蒜20克、蚝油20克、香菜10克、洋葱20克、生姜20克等。

2）制作流程

（1）原料初加工。将排骨洗净，砍成5厘米小段备用；将洋葱切小块、生姜切小片备用（图5.43）。

（2）热锅烧水，冷水加入排骨，待排骨的肉熟后捞出过冷水备用（图5.44）。

图5.43 山楂排骨原料初加工

图5.44 排骨焯水

（3）热锅冷油，下入山楂、洋葱、蒜，爆香后倒入排骨，翻炒均匀后加入盐、生抽、蚝油、老抽、白糖翻炒均匀（图5.45）。

（4）在翻炒均匀的排骨中加入适量清水，小火焖制30分钟（图5.46）。

图5.45 炒排骨

图5.46 焖排骨

（5）收汁摆盘。在焖制完成的排骨锅中加入生粉，待汤汁黏稠后出锅装盘，撒上香菜

即可。

3）特点

明泽红亮，味道酸甜，爽而不腻（图5.47）。

图5.47 山楂排骨成品图

项目 6

五邑风味菜制作

五邑风味菜是粤菜的地方菜之一，是广府菜的分支，它道尽了家乡深情，有着浓郁的地方特色，洋溢着侨乡风情。江门五邑自古以来就有烹制美食的传统，其饮食文化有着极为深厚的历史文化积淀。五邑风味菜包括蓬江、江海、新会三区和台山、开平、鹤山、恩平四市的地方风味菜品及地方风味点心。“五邑菜”并不是山珍海味，而是再平常不过的家常菜，却充满着独一无二的五邑特色，更是乡亲们最为熟悉的乡情味道。俗话说，靠山吃山，靠海吃海，五邑地区有山、林、河、海，良田充裕，特产丰富，五邑风味菜的风味源自各地区当地盛产的特色食材。

1）注重原汁原味，讲究医食同源

善用本土的家禽家畜、河鲜海味、时令蔬果，讲究即宰即烹、不时不食；菜式根据所处的地理位置和气候特点，讲究合时节令，夏秋菜式以消暑祛热为主，冬春菜式则以营养滋补为主，注重食疗和养生。

2）技法上融合南北，中西合璧

独特的地理位置造就了五邑民俗，推动了饮食文化的发展，促进了与各地烹调文化的交流。明清时期，活跃而发达的海外贸易丰富和提升了五邑的烹调技巧，海内外各种烹饪技法广泛吸收，形成了五邑饮食集南北风味于一炉、融中西特色于一体的独特风格。

3）地道本色，雅俗共赏

原汁原味、清淡鲜甜是江门五邑饮食的精髓。选料上以本地食材，鲜活物料为主。制作上以清鲜淡雅的佳肴小菜为主，充满家常气息的特质。

五邑风味菜的代表菜品有新会陈皮骨、腊味大鳌慈菇、鹤山福兴鱼皮角、开平豆腐角、台山黄鳝饭、恩平簕菜鲫鱼汤等。

任务1　民间煮鸡酒

1）原料

（1）主料：光鸡500克、花生米100克、黄花菜50克、干木耳50克（图6.1）。

（2）辅料：生姜75克、红米酒50克。

（3）调料：精盐8克、味精5克、片糖20克。

图6.1　民间煮鸡酒主料

2）制作流程

（1）将光鸡洗净斩件，花生冷水清洗投入锅里略滚5分钟后捞起，用清水浸着待用（图6.2）。

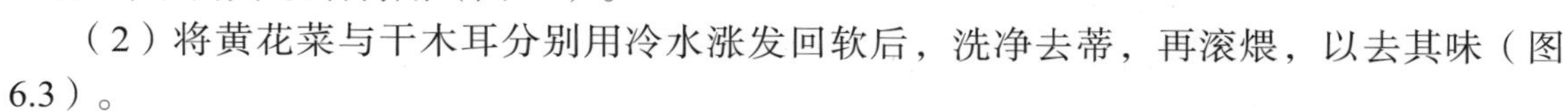

（2）将黄花菜与干木耳分别用冷水涨发回软后，洗净去蒂，再滚煨，以去其味（图6.3）。

图6.2　切鸡与浸泡花生

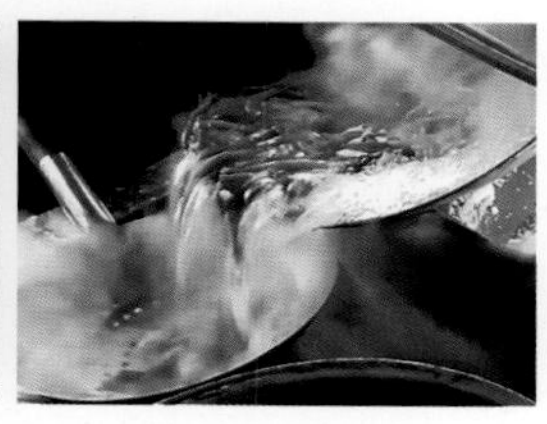

图6.3　滚煨黄花菜与木耳

（3）烧锅落油，先将光鸡块略炒加入水或汤，再下花生米、木耳、黄花菜等煮约10分钟，调味，最后加入红米酒便成（图6.4）。

图6.4　煮制鸡酒

3）特点

汤鲜肉嫩，温性滋补，是民间产妇月子期间常用的汤菜（图6.5）。

图6.5　民间煮鸡酒成品图

任务2 狗仔鹅

1）原料

（1）主料：马冈鹅600克（图6.6）。

（2）辅料：鹅血100克、马蹄肉50克、生姜30克、大蒜30克、八角3克、陈皮10克。

（3）调料：海鲜酱10克、花生酱15克、柱侯酱10克、生抽10克、老抽3克、精盐3克、白酒10克等。

图6.6 狗仔鹅主料及部分调辅料

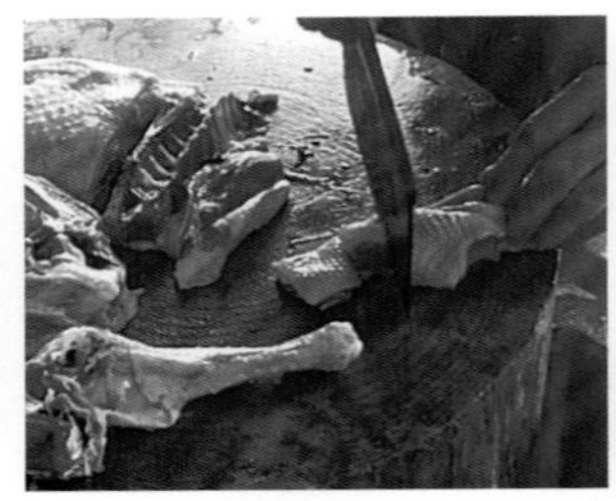

图6.7 煸炒鹅块

2）制作流程

（1）将光鹅斩块；起锅下斩好的鹅块、盐、拍碎八角进行小火干煸，直至煸炒干水捞出控去油分备用。鹅血加生抽、白酒调匀（图6.7）。

（2）将大蒜剥皮入四成油锅炸香；升高油温至五成，将切好的厚姜片一起入油锅炸香，倒出沥油；马蹄肉一开为二，起锅焯水后过冷备用，陈皮浸泡去囊剁末待用（图6.8）。

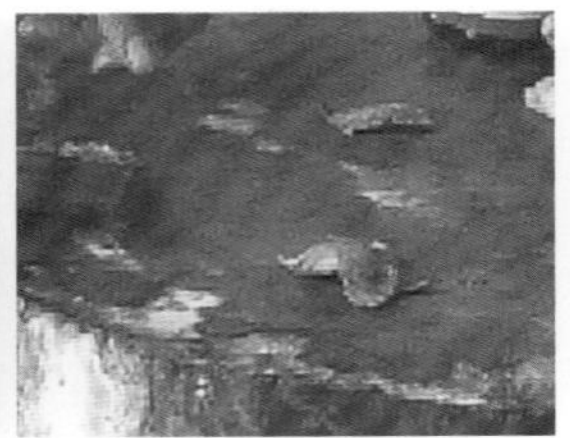

图6.8 初加工辅料

图6.9 慢火焖鹅肉

（3）锅下底油将炸好的大蒜、姜片、陈皮片以及干煸好的鹅块进行翻炒，倒入调匀的鹅血同炒，炒至鹅血吸入鹅肉后放入白酒爆香，加入水与马蹄块，调入海鲜酱、蚝油、花生酱、生抽等调味料，加盖慢火焖至鹅肉焓烂，视鹅肉色泽滴入老抽调色，翻均匀后加盖焖约5分钟装盘即可（图6.9）。

图6.10 狗仔鹅成品图

3）特点

鹅肉嫩滑而有弹性，咸鲜味浓，酱香浓郁（图6.10）。

任务3 三丝黄鳝

1）原料

（1）主料：黄鳝300克，每条约70克（图6.11）。

（2）辅料：芽菜100克、干粉丝100克、韭黄50克、红萝卜50克、姜丝10克、葱段10克。

（3）调料：精盐6克、味精5克、胡椒粉2克、蚝油10克、生抽8克、料酒8克。

图6.11 三丝黄鳝主料及部分调辅料

2）制作流程

（1）黄鳝用开水烫2分钟取出过冷水，撕下鳝肉备用（图6.12）。

（2）干粉丝泡发切成6厘米长段，韭黄切成6厘米长段，红萝卜切中丝，芽菜洗净备用（图6.13）。

图6.12 氽烫黄鳝

图6.13 辅料初加工

（3）将锅置火上，下油烧热，鳝肉丝拉油倒出，锅中留底油，放姜丝、红萝卜丝、鳝丝淋料酒翻炒，下芽菜调味，加少许汤，倒入粉丝调小火用锅铲炒匀收汁，最后加入韭黄、葱段淋尾油炒匀装盘（图6.14）。

图6.14 炒制黄鳝

3）特点

香气浓郁，质感丰富，味道鲜甜（图6.15）。

图6.15 三丝黄鳝成品图

任务4 味极鲜焖鸡

1）原料

（1）主料：光鸡500克（图6.16）。

（2）辅料：洋葱50克、姜片10克、葱段10克、蒜蓉5克、青椒片20克（图6.16）。

（3）调料：味极鲜80克、白糖20克、味精1克、料酒5克、生粉5克、精盐2克等。

图6.16 味极鲜焖鸡主料及辅料

图6.17 调制味汁

2）制作流程

（1）调制味汁：将味极鲜、白糖倒入锅内煮到白糖溶化后滤出渣备用（图6.17）。

（2）将鸡肉斩件加盐、生粉抓匀，倒入六成热油锅中炸至浅黄色捞出（图6.18）。

（3）在锅中留底油，下姜片、鸡肉、料酒，倒入味汁，加盖焖至汁收干，包尾油，撒上葱段（图6.19）。

图6.18 预加工鸡肉

图6.19 焖烧鸡肉

3）特点

肉质滑嫩，咸鲜甜适口（图6.20）。

图6.20 味极鲜焖鸡成品图

任务5 脆炸蛋皮卷

1）原料

（1）主料：鸡蛋3个、叉烧50克（图6.21）。

（2）辅料：脆浆250克、浓生粉水50克、韭黄50克、洋葱50克、丝瓜100克、湿生粉20克。

（3）调料：精盐3克、味精3克、蚝油5克。

图6.21 脆炸蛋皮卷部分主料及辅料

2）制作流程

（1）将叉烧、洋葱、丝瓜切丝，韭黄切3厘米长的段，用锅略炒调味成馅料待用（图6.22）。

（2）将鸡蛋去壳后加入湿生粉打烂后慢火烧锅煎成蛋皮约3块备用（图6.23）。

图6.22 炒制辅料

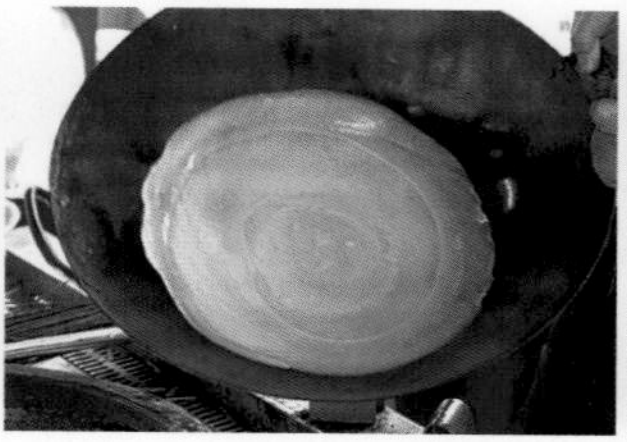

图6.23 煎制蛋皮

（3）将煎成的蛋皮摊开放入馅料包卷成圆条（图6.24）。

（4）先烧锅落油烧至七成热，将蛋皮卷沾均匀脆浆，下油锅里炸至金黄色捞起，再切件上碟摆好上席即可（图6.25）。

图6.24 制成蛋皮卷

图6.25 炸制蛋皮卷

3）特点

色泽金黄，韭黄香气浓郁，风味突出，外脆内软（图6.26）。

图6.26　脆炸蛋皮卷成品图

任务6　赤坎豆腐角

1）原料

（1）主料：压水豆腐约24块（每块约25克）、鱼蓉120克（图6.27）。

（2）辅料：葱花10克、干生粉30克。

（3）调料：生抽30克、白糖5克、鸡粉5克、胡椒粉2克。

图6.27　赤坎豆腐角主料

2）制作流程

（1）在豆腐中间挖出一小洞，再在洞里抹上少许干生粉（图6.28）。

（2）将鱼蓉调至起胶，出约24件小丸子，再填入豆腐洞里（图6.29）。

（3）将煎锅烧热，落油，放入酿好的豆腐慢火煎至表面焦香熟透，用锅铲装盘，撒上葱花，最后将生抽、白糖、鸡粉、胡椒粉调汁淋在豆腐上便成（图6.30）。

图6.28　预加工豆腐

图6.29　酿鱼蓉

图6.30　煎制豆腐角

3）特点

外皮焦香，馅料爽滑，豆腐鲜嫩，江门开平地方制作特色，民间喜欢的小食（图6.31）。

图6.31 赤坎豆腐角成品图

任务7 紫苏炒田螺

1）原料

（1）主料：田螺500克（图6.32）。

（2）辅料：小米椒30克、陈皮5克、豆豉5克、生姜10克、蒜头10克、鲜紫苏100克（图6.32）。

（3）调料：精盐5克、味精8克、白糖8克、蚝油10克、辣椒油10克、料酒8克。

图6.32 紫苏炒田螺主料及部分辅料

图6.33 炒干田螺

2）制作流程

（1）将小米椒、鲜紫苏切粒，陈皮切丝，豆豉、生姜、蒜头斩成米粒状备用。田螺剪去螺尾淘洗干净下锅中，倒入料酒炒至水干倒出（图6.33）。

（2）在锅中放入底油，将生姜粒、蒜头粒、小米椒粒、豆豉粒、陈皮丝、鲜紫苏炒香，倒入田螺翻炒，加入蚝油、精盐、味精、白糖、清水、辣椒油加盖焖制，至汤汁收干淋入尾油装盘即可（图6.34）。

图6.34 炒制田螺

3）特点

紫苏香浓，吃法朴实，鲜辣开胃（图6.35）。

图6.35　紫苏炒田螺成品图

任务8　腊味牛栏糍

1）原料

（1）主料：牛栏糍300克（图6.36）。

（2）辅料：腊肉50克、香芹50克、包菜100克。

（3）调料：精盐5克、味精6克、蚝油5克。

图6.36　腊味牛栏糍主料及辅料

2）制作流程

（1）将牛栏糍对半切开，再改刀切成约3毫米的厚片；腊肉斜刀切薄片；香芹切段备用；包菜切块并撕开备用（图6.37）。

（2）在热锅中加少量油，下牛栏糍片并摊开均匀，撒少量精盐于表面，小火煎至两面金黄色捞出备用（图6.38）。

图6.37　原料改刀

图6.38　煎制牛栏糍片

（3）在热锅中加少量油，下包菜炒至断生，捞出备用。下腊肉小火干煸至断生出油，下香芹段、包菜翻炒均匀，下煎制好的牛栏糍片继续翻炒，加蚝油、精盐、味精翻炒至味道均匀即可出锅装盘（图6.39）。

图6.39 炒制牛栏糍

3）特点

焦香软糯，咸香适口（图6.40）。

图6.40 腊味牛栏糍成品图

任务9 猪肠血炒豆芽

1）原料

（1）主料：猪大肠 200克、猪血100克、芽菜200克（图6.41）。

（2）辅料：青椒30克、葱10克、姜片10克、蒜蓉10克、香芹50克（图6.41）。

（3）调料：蚝油10克、精盐6克、味精5克、料酒5克、高汤30克。

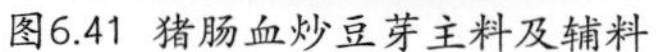

图6.41 猪肠血炒豆芽主料及辅料

图6.42 原料初加工

2）制作流程

（1）将猪大肠对半切开，刮掉脏料，洗净切块，猪血切3厘米厚片，用沸水浸熟透备用。将青椒切菱形片，香芹切4厘米长的段，葱切段备用，芽菜洗掉豆壳捞出沥干水备用（图6.42）。

（2）将猪大肠飞水，拉油待用。在热锅中下底油，下芽菜，加精盐、料酒、少量高汤翻炒均匀，盖上锅盖焗至断生，捞出沥掉水备用（图6.43）。

（3）热锅，加少量油，下姜片、蒜蓉、青椒片炒出香味，下香芹、猪大肠、猪血、芽菜、料酒翻炒均匀，下精盐、味精、蚝油翻炒均匀，勾薄芡出锅装盘（图6.44）。

图6.43 猪大肠焯水与煸炒芽菜

图6.44 炒制猪肠

3）特点

猪肠爽脆，猪血滑嫩，香气浓郁（图6.45）。

图6.45 猪肠血炒豆芽成品图

任务10 开平咸汤丸

1）原料

（1）主料：糯米粉100克。

（2）辅料：鸡肉50克、鲮鱼蓉100克、干虾米5克、精瘦肉50克、广式腊肠20克、白萝卜100克、娃娃菜50克（图6.46）。

（3）调料：香菜10克、葱粒10克、味精3克、食用油60克、精盐6克。

图6.46 开平咸汤丸辅料

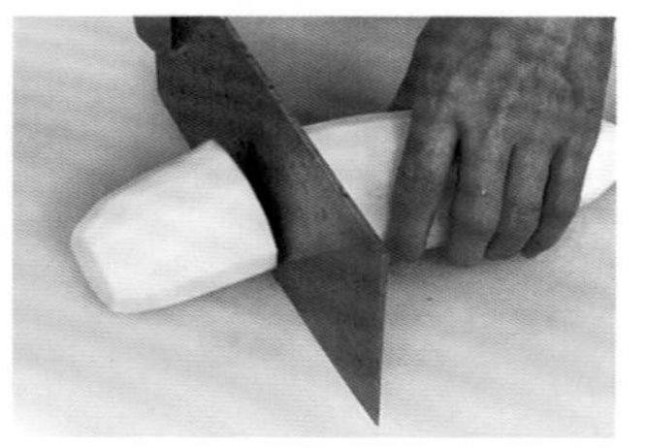

图6.47 原料预处理

2）制作流程

（1）将鸡肉斩小块后飞水、精瘦肉切条用精盐腌制、广式腊肠切斜片、干虾米用热水浸泡发好、娃娃菜冲洗干净后汆水捞起备用；将萝卜去皮冲洗干净切条，鱼蓉加入精盐和味精搅拌上劲，再加入少许食用油搅拌均匀（图6.47）。

（2）在热锅中放油，再放鱼蓉煎至两面金黄后切小方块，再放回锅中，加少许凉水，用旺火烧开成为汤底；依次加入准备好的鸡肉、精瘦肉、干虾米、广式腊肠、萝卜条、娃娃菜（图6.48）。

图6.48　煎制鱼蓉

图6.49　煮制汤丸

（3）将糯米粉混合适量的精盐后加入适量的热水搓成粉团，揪出不规则小块，再搓成汤丸备用，等配料都煮好，汤沸腾时，调入适量的盐和油，再将汤丸放入煮制，等全部丸子都浮起即可，撒上香菜和葱粒，出锅装碗（图6.49）。

3）特点

汤丸软糯、配料多样、汤鲜味醇（图6.50）。

图6.50　开平咸汤丸成品图

项目 7

顺德风味菜制作

广东顺德是我国餐饮著名品牌高度密集的地区之一，镇街包括大良、容桂、勒流、均安、杏坛、伦教、北滘、陈村、乐从、龙江共10个，每个镇街都有其地道的代表美食，如大良街道的大良双皮奶、金榜牛乳、凤城四杯鸡、大良蹦砂等；容桂街道的猪脚姜、彭公鹅、鸡仔饼等；勒流镇的黄连烧鹅、勒流水蛇粥等；均安镇的煎鱼饼、均安蒸猪等；乐从镇的乐从鱼腐、玉簪田鸡腿等；伦教镇的伦教糕、羊额烧鹅等；陈村镇的陈村粉、陈村花宴等；北滘镇的香芋扣肉、虾仔云吞面等；杏坛镇的酿鲮鱼等；龙江镇的龙江煎堆、龙江米沙肉等。

顺德是“中国厨师之乡”，其中心城区大良荣膺“中国餐饮名镇”称号，而另一镇勒流享有“中华美食名镇”美誉，陈村镇则被授予“中华花卉美食名镇”殊荣。目前，顺德拥有“中华餐饮名店”21家，“中华名小吃”11种。在全国烹饪世界大赛和全国烹饪技术比赛中，顺德的多款名菜美点“披金戴银”。在顺德厨师精湛的厨艺下和顺德“全民皆厨”的浓郁氛围中，“顺德是粤菜之源”这一说法并非过誉，只要有广东菜的地方，就有顺德厨师，就有顺德美食。顺德美食灿若繁星，各镇街特色美食、小吃更是深远地影响着粤菜历史发展与创新潮流。

顺德美食历史悠久，俗话说“吃在广东，厨出风城”。顺德的名厨在中国甚至世界上都颇有名气，顺德小吃来自民间，植根于千家万户、大街小巷，是千百年来顺德人智慧的结晶，它与顺德菜互相依存，共同发展，是顺德饮食文化的奇葩。顺德的风味小吃种类繁多，简朴纯正，原汁原味，不掺假，不取巧，全凭店主的诚信与德行，全凭祖训和家传绝技以及扎实的基本功，历来质优味佳、价廉物美，赢得了大众的口碑和食家的赞誉。如清香润滑的大良双皮奶、香脆可口的大良蹦砂、清甜爽滑的伦教糕、松脆甘香的龙江煎堆等。

任务1　乐从鱼腐浸芥菜

图7.1　乐从鱼腐浸芥菜主料

1）原料

（1）主料：带皮鲮鱼肉500克（图7.1）。

（2）辅料：鸡蛋8个、芥菜适量。

（3）料头：姜5克、冬菇10克、大蒜5克。

（4）调料：生粉25克、清水600克、生油1000克、盐6克、白糖4克、胡萝卜40克、胡椒粉3克、麻油少量。

2）制作流程

（1）将鲮鱼肉洗净后晾干水分，用刀从尾部起刮出不带骨的鱼肉（俗称鱼青）（图7.2）。

（2）在鱼青中加入盐、白糖、味精拌匀至调味料溶化且鱼青上劲，再拌入生粉、胡椒粉和麻油后摔打至爽弹带劲（图7.3）。

（3）在鱼胶中加入2个鸡蛋，快速打匀至鱼胶重新黏合起胶，同理每次加鸡蛋2个分4次至鱼胶稀稠起胶，再将200克的清水分三次加入直至鱼腐顺滑稀稠度合适且起胶。

（4）起锅下油加热至100 ℃，用勺子把制作好的鱼腐放入油锅内，慢火炸至鱼腐胀大饱满圆润即可捞出备用（图7.4）。

图7.2　刮出鱼肉

图7.3　打鱼胶

图7.4　炸鱼腐

（5）芥菜洗净后改刀切成块，红萝卜改刀切成料头花，姜去皮后切成菱形姜片。

（6）起锅烧水，水开后调入盐放入芥菜块焯水。

（7）热锅凉油，加入姜片爆炒香后再加入鱼汤调味，烧开后放入鱼腐煮至鱼腐吸满汤汁后再加入芥菜块和料头花略煮片刻。

（8）将熟制的鱼腐装盘即可。

3）特点

鱼腐色泽金黄，软滑可口，甘香浓郁，诱人食欲（图7.5）。

图7.5　乐从鱼腐浸芥菜成品图

任务2 凤城鱼皮角

1）原料

（1）主料：带皮鲮鱼500克（图7.6）、猪肉蓉100克、鲜虾仁50克。

图7.6 主料（带皮鲮鱼）

图7.7 刮出鱼肉

（2）辅料：马蹄50克、干冬菇10克、上海青200克、鱼汤500克、粟粉100克。

（3）料头：姜蓉10克、葱花10克。

（4）调料：盐8克、白糖5克、味精5克、蚝油2克、麻油3克、生粉50克、胡椒粉2克。

2）制作流程

（1）将鲮鱼肉洗净后晾干水，用刀从尾部起刮出不带骨的鱼肉（俗称鱼青）（图7.7）。

（2）在鱼青中加入盐、白糖、味精拌匀至调味料溶化且鱼青上劲，再拌入生粉、胡椒粉和麻油后摔打至爽弹带劲。

（3）取鱼胶成（直径约2厘米）鱼丸，拍上粟粉擀薄成（直径约5厘米）圆皮。

（4）将虾仁洗净后切成（约1厘米见方）虾仁粒，马蹄去皮后切成（约0.5厘米见方）马蹄粒，干冬菇泡软后切成冬菇粒，上海青洗净后改刀成菜胆，姜去皮后剁成姜蓉，葱洗净后切成葱花。

（5）在猪肉蓉中调入盐、糖、味精、胡椒粉、生粉和麻油搅拌成肉胶，再放入虾仁粒、马蹄粒、冬菇粒和姜蓉拌匀。

（6）取圆鱼皮放入拌好的肉胶馅包成半圆形，捏紧收口（图7.8）。

图7.8 包肉胶

图7.9 装盘

（7）起锅放入鱼汤烧开后放入包好的鱼皮角煮2分钟后放入菜胆一并煮熟。

（8）将熟制好的鱼皮角、菜胆和鱼汤装盘（图7.9），撒上葱花即可（图7.10）。

3）特点

皮薄馅多，口感爽滑（图7.10）。

图7.10 凤城鱼皮角成品图

任务3 春花饼

1）原料

（1）主料：带皮鲮鱼肉300克（图7.11）。

（2）配料：马蹄25克、香菜25克、韭黄30克、韭菜30克（图7.11）。

（3）料头：葱花15克。

（4）调料：盐4克、白糖2克、味精1克、生粉50克、胡椒粉1克、五香粉2克、麻油2克。

图7.11 春花饼主料及配料

2）制作流程

（1）将马蹄去皮后切成粒（约0.5厘米见方），香菜洗净后切成段（长约0.5厘米），韭黄洗净后切成段（长约0.5厘米），韭菜洗净后切成段（长约0.5厘米），葱洗净后切成葱花（长约0.5厘米）。

（2）将鲮鱼肉洗净后晾干水，用刀从尾部起刮出不带骨的鱼肉（俗称鱼青）（图7.12），在鱼青中加入盐、白糖、味精拌匀至调味料溶化且鱼青上劲，再拌入生粉、胡椒粉和麻油后摔打至爽弹带劲。

（3）在制作好的鱼胶中加入腊肠粒、马蹄粒、香菜段、韭黄段、韭菜段、葱花和五香粉搅拌均匀。

（4）取拌匀的主配料约30克，做成直径约4厘米、厚约1厘米的春花饼（图7.13）。

（5）热锅凉油，在锅中排上造型好的春花饼，中火煎至一面金黄后翻转再煎至金黄色

（图7.14）。

图7.12　刮出鱼肉

图7.13　春花饼的造型

图7.14　煎春花饼

（6）煎好的春花饼放在吸油纸上去除部分油脂，然后装盘即可。

3）特点

鱼肉软嫩有弹性，马蹄爽脆，配料丰富，吃鱼不见刺（图7.15）。

图7.15　春花饼成品图

任务4　大良炒牛奶

1）原料

（1）主料：水牛奶250克、鸡蛋5个。

（2）辅料：虾仁50克、鸡肝30克、炸榄仁少许、火腿蓉少许。

（3）调料：盐5克、白糖3克、味精2克、生粉3克、粟粉50克。

图7.16　大良炒牛奶主料及部分调辅料

2）制作流程

（1）将鸡肝用热水浸熟后切成鸡肝小粒，虾仁切成虾仁粒后加入少许盐和生粉拌匀。将鸡肝粒和虾仁粒泡油至熟后捞出备用（图7.17）。

（2）将牛奶温热后放入盐、白糖、味精调味后打入鸡蛋清，再拌入粟粉和匀（图7.18）。

（3）热锅凉油后放入调匀的牛奶，转中小火用铲子边推铲边加油，炒至半凝固时再放入油泡后的鸡肝粒和虾仁粒炒匀即可（图7.19）。

图7.17 盐和生粉拌匀

图7.18 打入鸡蛋清

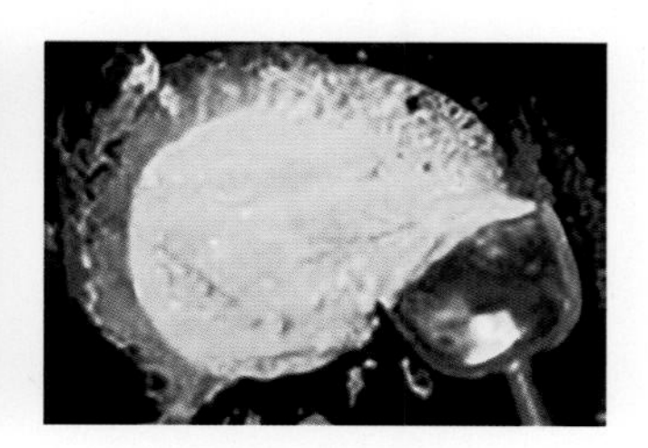

图7.19 炒牛奶

（4）将炒熟后的牛奶放入盘中叠成山形，再撒上炸榄仁和火腿蓉。

3）特点

光亮洁白，鲜嫩软滑，奶味浓郁，口感香甜（图7.20）。

图7.20 大良炒牛奶成品图

任务5 大良炸牛奶

1）原料

（1）主料：水牛奶500克（图7.21）。

（2）辅料：鸡蛋1只、粟粉100克、面粉500克、黏米粉150克、吉士粉100克、发粉

料：糖100克、椰浆少许、黄油少许。

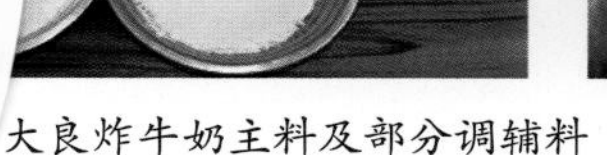

大良炸牛奶主料及部分调辅料

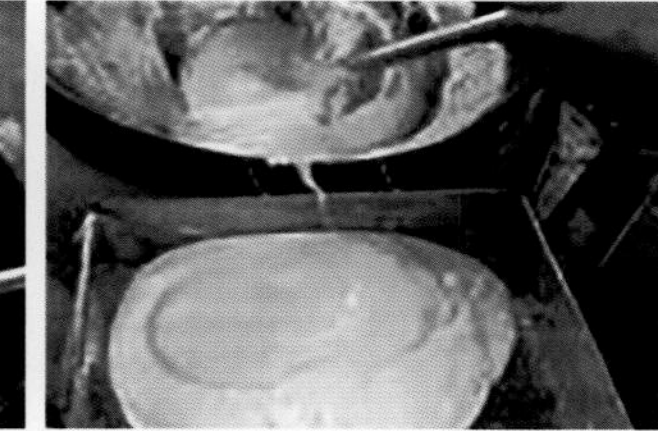

图7.22 慢火推至糊状倒出放进方盘中铺平

制作流程

（1）将牛奶500克、糖100克、粟粉100克、椰浆和牛油少许和匀后下锅慢火推至成糊状且熟透即可倒出放进方盘中铺平，然后放进雪柜待凝固（图7.22）。

（2）将凝固后的牛奶取出用刀切成长条状（长约4厘米，粗约1厘米）备用。

（3）将鸡蛋1只、面粉500克、黏米粉150克、吉士粉100克、发粉60克、水600克搅拌和匀后滤去颗粒（图7.23）。

（4）将奶糕条表面裹上干生粉后沾上调配好的脆浆（图7.24）。

（5）将沾上脆浆的牛奶糕均匀地上浆后便可放进温度约150 ℃的油中炸至金黄色且酥脆即可捞出（图7.25）。

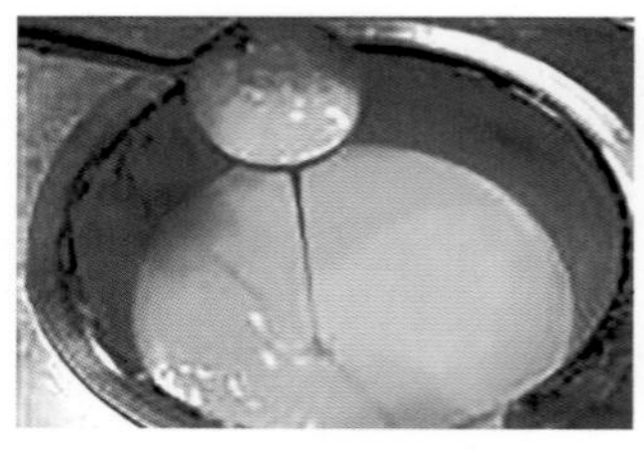

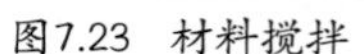
图7.23　材料搅拌

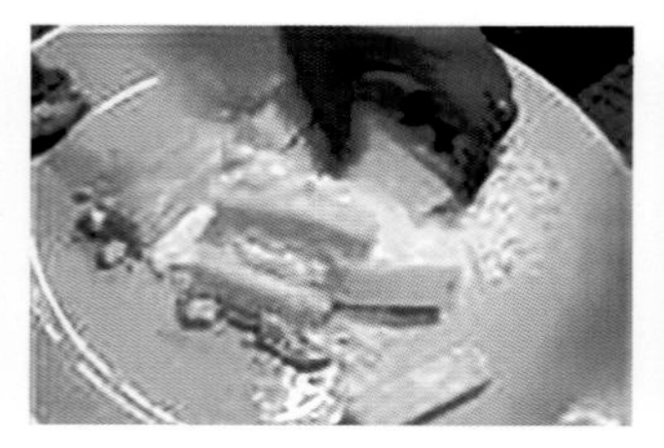
图7.24　奶糕条裹干生粉

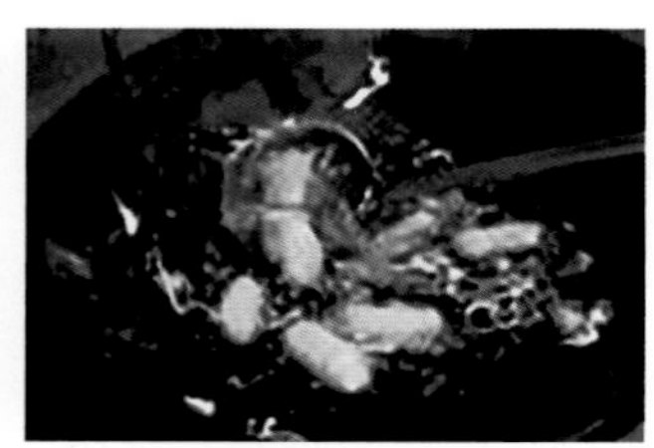
图7.25　炸制牛奶糕

（6）用剪刀修整后便可装盘。

3）特点

外皮脆而不硬，内心鲜嫩可口，具有鲜奶的味道（图7.26）。

图7.26　大良炸牛奶成品图

任务6　桂花炒瑶柱

1）原料

（1）主料：干瑶柱 50克、鸡蛋2个、银芽 300克（图7.27）。

（2）辅料：水发粉丝50克（图7.27）。

（3）调料：盐4克、白糖2克、鸡精3克。

（4）料头：香菜段10克、葱段10克、红椒丝 5克。

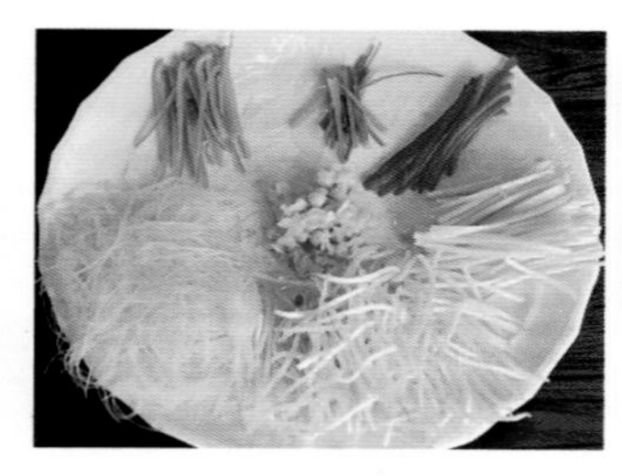

图7.27　桂花炒瑶柱部分主辅料

2）制作流程

（1）将瑶柱泡在水中，放入少许葱段，然后放入蒸柜中蒸20分钟取出，压碎成瑶柱丝备用。

（2）将水发粉丝切成粉丝段（长约4厘米），将香菜梗切成香菜段（摘去叶子，长约4厘米），红辣椒切成红辣椒丝（长约4厘米）。

（3）用2/3的瑶柱丝煸炒至干爽，再用1/3的瑶柱丝慢火炸至金黄色备用，起锅放入银芽大火翻炒至7成熟倒出备用（图7.28）。

（4）热锅凉油，放入鸡蛋快速炒碎成“桂花”状，再加入瑶柱丝、粉丝段、香菜段、红辣椒丝和预处理后的银芽大火炒香，调入盐、白糖和鸡精炒匀（图7.29）。

图7.28 煸炒瑶柱

图7.29 大火炒香主料

（5）上盘，撒上炸至金黄的瑶柱丝即可。

3）特点

色泽明朗、美味清香、爽口，有独特风味（图7.30）。

图7.30 桂花炒瑶柱成品图

任务7 特色蒸鳜鱼

图7.31 特色蒸鳜鱼主料及部分辅料

1）原料

（1）主料：鳜鱼1条（图7.31）。

（2）辅料：干云耳10克、鲜百合20克、枸杞子5克。

（3）料头：姜片10克、葱段10克。

（4）调料：盐5克、白糖3克、味精2克、蒸鱼豉油20克、生粉10克 、胡椒粉1克、油20克。

2）制作流程

（1）将活鳜鱼宰杀后去除鱼鳞和鱼鳃，开膛后取出内脏并冲洗干净，取下两边鱼肉备用。

（2）将鳜鱼骨斩成骨牌形，鳜鱼肉取下腹骨后斜刀切成厚约0.5厘米的鱼片（图7.32）。

（3）将干云耳、枸杞子用水泡软，鲜百合洗净后切去黑褐色部分再每片掰开，姜去皮后切成菱形姜片，葱洗净后切成葱段（长约2厘米）。

（4）将鳜鱼骨加入姜片，调入盐、白糖、生粉和油拌匀腌味，鳜鱼加入姜片，调入盐、白糖、生粉和油拌匀腌味，云耳和鲜百合瓣调入盐、白糖、生粉和油拌匀腌味（图7.33）。

（5）将腌制好的鳜鱼骨整齐地排在碟子上，再平铺上腌制好的云耳和鲜百合，然后摆上腌制好的鳜鱼片，最后撒上枸杞子（图7.34）。

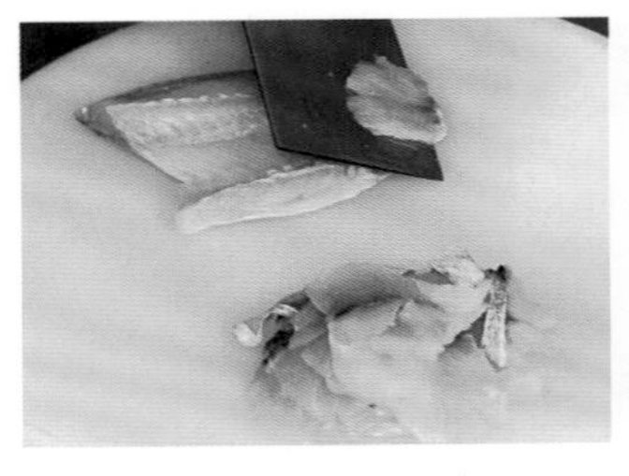
图7.32 切鱼片

图7.33 腌鳜鱼

图7.34 撒枸杞子

（6）将摆盘后的鳜鱼上炉蒸熟。

（7）在蒸熟后的鳜鱼上撒上葱段并淋上热油和蒸鱼豉油即可。

3）特点

鱼片嫩滑，鲜香可口，食用方便（图7.35）。

图7.35 特色蒸鳜鱼成品图

任务8 凤城四杯鸡

1）原料

（1）主料：三黄鸡1只（图7.36）。

（2）料头：姜片15克、葱段10克。

（3）调料：酱油75克、料酒100克、冰糖15克、鸡粉10克、水250克、生油10克、八角1个、香叶3片、桂皮、甘草少许。

2）制作流程

（1）将鸡放血后，用70 ℃的水烫鸡、拔毛，开膛去除内脏并将整鸡清洗干净。

（2）将姜去皮洗净切成姜片，葱洗净后切成葱段。

（3）热锅凉油，放入姜片和葱段爆炒至香，再一同加入酱油、料酒、冰糖、鸡粉、水、八角、香叶、桂皮和甘草。大火烧开后放入整鸡，转中火煮20分钟，再开大火将酱汁煮至浓稠即可出锅。

（4）将四杯鸡放凉后再斩件。

（5）将斩件后的四杯鸡拼摆装盘淋上酱汁即可（图7.37）。

图7.36 凤城四杯鸡主料

图7.37 四杯鸡淋上酱汁

3）特点

酱香浓郁，皮爽肉滑，汁浓甘香（图7.38）。

图7.38 凤城四杯鸡成品图

任务9 家乡酿鲮鱼

1）原料

（1）主料：鲮鱼2条（图7.39）。

（2）辅料：腊肠10克、干冬菇10克、马蹄20克、干云耳10克、干虾米10克、干粉丝10克、花生米10克、香菜5克、陈皮2克。

（3）料头：姜10克、蒜5克、葱5克、豆豉10克。

（4）调料：盐5克、白糖2克、味精2克、生粉15克、胡椒粉3克、料酒5克。

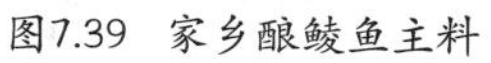

图7.39 家乡酿鲮鱼主料

图7.40 取出鱼皮

图7.41 打鱼蓉

2）制作流程

（1）将腊肠、马蹄等辅料加工成丁和丝。

（2）将鲮鱼刮鳞去鳃，从腹部开膛取出内脏，从腹鳍内侧轻划一刀（不划破鱼皮），然后将其慢慢撕开，在脊骨的头尾处切断，把整个鱼皮连着头尾一起取下备用（图7.40）。

（3）将鲮鱼肉洗净后晾干水，再剁成鲮鱼蓉，在鱼蓉中加入盐、白糖、味精拌匀至调味料溶化且鱼蓉上劲，再拌入生粉、胡椒粉和麻油后摔打至爽弹带劲（图7.41）。

（4）在制作好的鱼胶中拌入腊肠粒、冬菇粒、马蹄粒、云耳丝、虾米碎、粉丝段、花生米碎、陈皮粒和香菜段和匀（图7.42）。

（5）酿馅造型：将鲮鱼皮沾上干生粉，再将制作好的鱼胶馅料酿回鱼皮的膛内，做成鲮鱼的形态（图7.43）。

（6）起锅放入油加热到120 ℃放入酿好的鲮鱼炸至表面金黄酥脆且熟便可捞出，热锅凉油，放入姜蓉、蒜蓉和豆豉碎炒香洒上料酒加入清水，调入盐、白糖、味精和蚝油，水开后即可调入芡粉收汁（图7.44）。

图7.42　拌入辅料

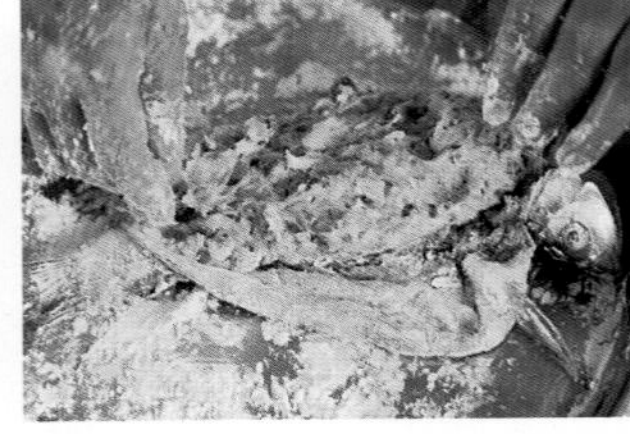

图7.43　鲮鱼皮沾上干生粉

图7.44　炸制鲮鱼

（7）将炸熟的鲮鱼切成块，摆上碟，淋上芡汁，撒上葱花即可。

3）特点

既保持了鱼的鲜味，口感也更加丰富（图7.45）。

图7.45　家乡酿鲮鱼成品图

项目 8

东莞风味菜制作

要谈东莞的饮食，还要先从东莞的历史谈起。东莞立县始于东晋，然而东莞的历史甚至可以追溯到夏代。东莞饮食的源头，最早是从秦始皇的时候开始的。秦代时，东莞属于“百粤之地”，秦始皇灭六国之后派兵征伐百粤，后来一部分将士就在当地留了下来，带来了中原文化，也带来了中原的美食，这些美食至今仍然流传下来。

东莞地处中国华南地区、广东中南部、珠江口东岸，西北接广州市，南接深圳市，东北接惠州市，特殊的地理位置，孕育了多样的饮食文化特点。东莞菜属岭南菜系，菜品风味既有广府菜淡雅鲜香的特点也有东江菜朴实咸香的特色，多以咸香带点甜为主，具有浓郁的地方特色。莞邑按地形可以分为三大片，以万江、高埗、洪梅、沙田、虎门等地为代表的水乡沿海片，水乡沿海片由于沟汊纵横，水产丰富，盛产鱼虾，是名副其实的鱼米之乡，因此饮食也以鱼虾为特色，口味属于咸甜混合，比如洪梅芋合干拗蚬肉、虎门蜜汁烤鳗鱼、虎门蟹饼、黄脚立鱼腊味炊饭等。还有就是介于山水间的埔田片，以茶山、大朗、大岭山、石龙等地为主，家庭多养鸡鸭鹅，美食多以家禽、家畜为特色，口味以甜为主，比如大岭山烧鹅、石龙奇香鸡等特色菜。以樟木头、清溪、谢岗等镇区为代表的山区片，这一带受客家文化影响比较深，以客家菜为主，口味偏咸，比如樟木头客家咸鸡、清溪过年鹅等菜肴都是山区片的代表菜肴。总的来说，一般的东莞菜在东莞的大街小巷里就能找到，以其朴实的卖相、咸而入味的口感获得大众的欢迎。中高档的东莞菜，则以精致、讲究、特别、清淡可口而吸引了人们的目光。

关于东莞最著名的风味小吃首推“三禾宴”和厚街烧鹅濑。“三禾”是指的是禾虫、禾花雀（现已禁捕食）、禾花鲤，营养丰富，口味极佳，道滘水乡是品尝禾虫、禾花鲤的好去处；厚街烧鹅濑是用整只鹅、大块肉、大块骨，加许多特种药材和香料熬制而成的濑粉，美味诱人，有不少广州、深圳甚至香港游客都专门到东莞享用这一美食。其他的风味小吃有厚街腊肠和东莞米粉，道滘裹蒸粽和肉丸粥，石龙的麦芽糖和糖柚皮，沙田的莲藕，石碣的芙蓉肉和芋杆子，高埗的冼沙鱼丸，长安的乌头鱼等。

任务1 蒜香汁浸蛏子

1）原料

（1）主料：鲜活蛏子500克（图8.1）。

（2）辅料：青椒25克、红椒25克（图8.1）。

（3）料头：香菜5克、葱5克、大蒜50克、姜5克。

（4）调料：盐2克、生抽10克、蚝油3克、白糖3克、胡椒粉2克、高汤100克、食用油50克。

图8.1 蒜香汁浸蛏子主料及辅料

2）制作流程

（1）将原料洗净，青椒、红椒切菱形块，香菜、葱切段，大蒜切成蒜末，姜切末备用（图8.2）。

图8.2 切好的辅料与料头

图8.3 蛏子预处理

（2）鲜活蛏子用净水下少许盐，静养两小时使蛏子吐干净沙，用刷子轻刷洗干净外壳；起锅下水，用葱、姜焯水蛏子，冷水下锅至蛏子壳开口立即倒出过冷水，再次清洗备用（图8.3）。

（3）起锅烧油爆香蒜蓉，下入高汤，调入所有调料拌匀，下青椒、红椒、蛏子拌匀浸3分钟，下葱、香菜拌匀，包尾油即可（图8.4）。

图8.4 烹制蛏子

3）特点

蛏子肉嫩，蒜香味浓，鲜香可口（图8.5）。

图8.5 蒜香汁浸蛏子成品图

任务2 柱侯酱禄鹅

1）原料

（1）主料：鹅半只（图8.6）。

（2）辅料：香芋（图8.6）。

（3）香料：姜片25克、葱50克、香菜10克、陈皮3克、八角2个、香叶1片、桂皮3克等（图8.6）。

（4）调料：上汤1000克、柱侯酱30克、海鲜酱15克、广东米酒15克、生抽15克、老抽3克、蚝油10克、黄冰糖5克。

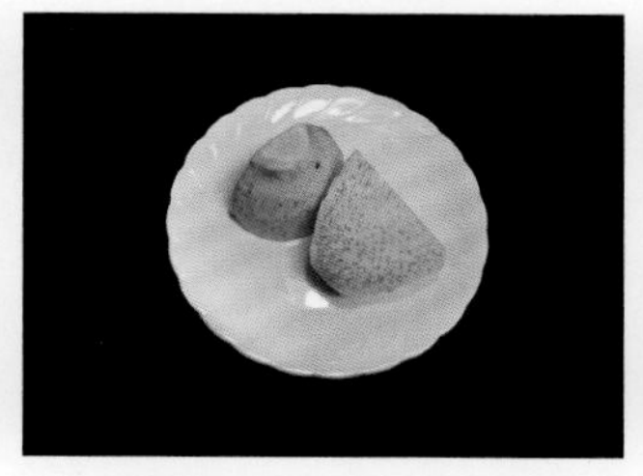

图8.6 柱侯酱禄鹅主料、辅料及香料

2）制作流程

（1）将芋头去皮洗净切块，葱打结，姜切片，香料洗净备用。

（2）将鹅洗净并吸干表面的水，热锅冷油将鹅两面煎上色，倒出备用（图8.7）。

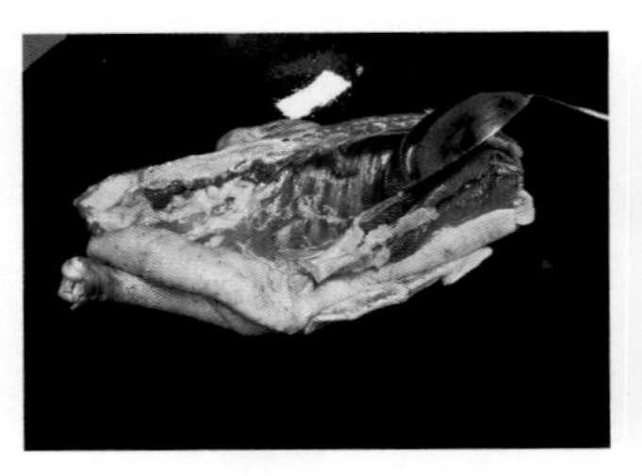 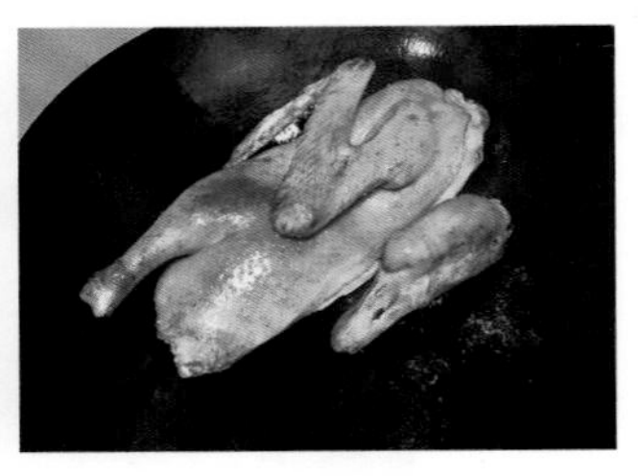

图8.7 煎鹅

（3）在锅中留下煎出的鹅油并爆香料头姜片、葱、香菜；再下陈皮、八角、香叶、桂皮炒香（图8.8）。

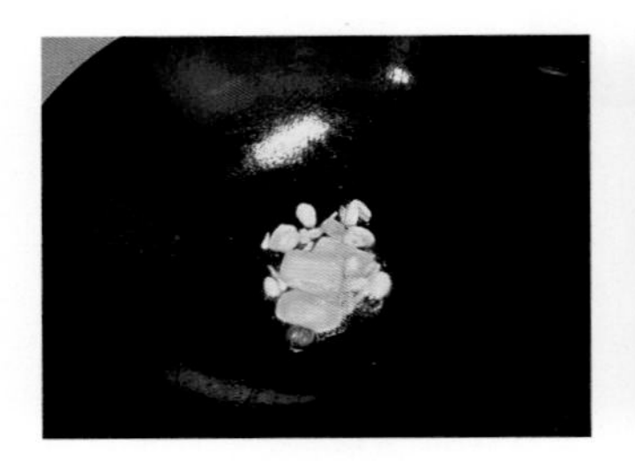  

图8.8 爆香料头

（4）下柱侯酱、海鲜酱炒香，溅入广东米酒，加入上汤拌匀（图8.9）。

图8.9 炒香酱料

（5）下鹅，调入生抽、蚝油、黄冰糖、老抽搅匀，加盖焖煮30分钟；鹅翻面焖煮15分钟后下入香芋再焖煮15分钟即可（图8.10）。在烧煮过程中用勺子将汁不断淋在鹅和香芋上面，以便加热和入味均匀。

 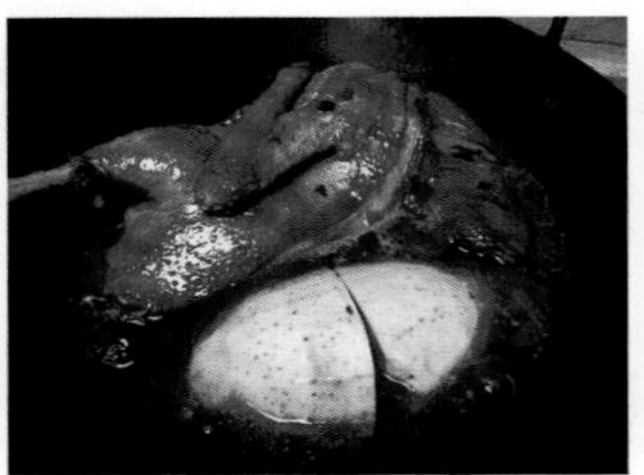 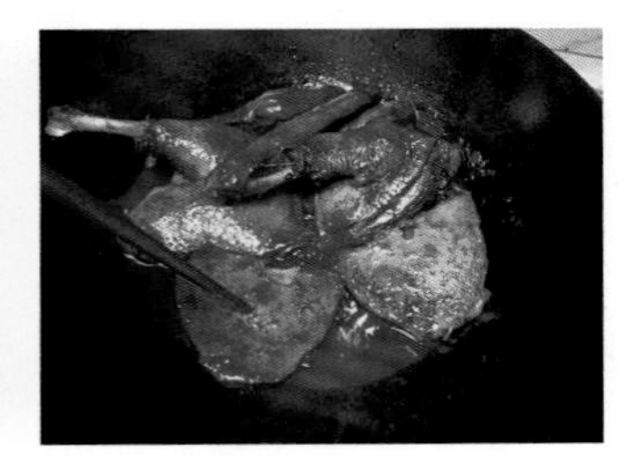

图8.10 烹制鹅

（6）将香芋切块垫底，鹅砍块摆盘，酱汁过滤去渣淋在鹅肉上面（图8.11）。

图8.11 装盘淋汁

3）特点

香味醇厚，鹅肉入味多汁，口感爽嫩（图8.12）。

图8.12 柱侯酱禄鹅成品图

任务3 金沙焗虾

1）原料

（1）主料：明虾500克（图8.13）。

（2）辅料：咸鸭蛋黄4个（图8.13）。

（3）料头：葱10克、姜3克、蒜蓉5克。

（4）调料：精盐3克、白糖2克、干淀粉50克。

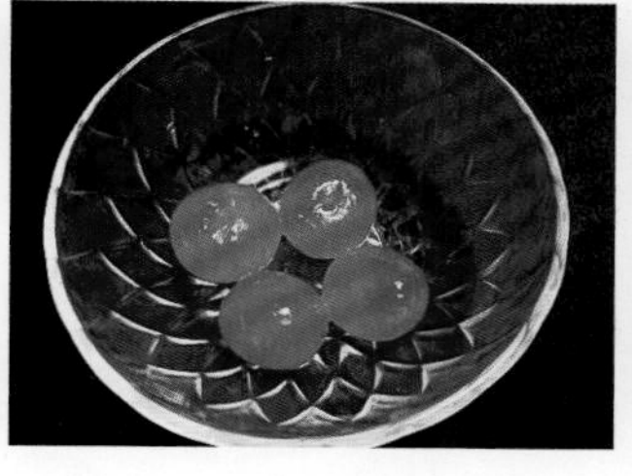
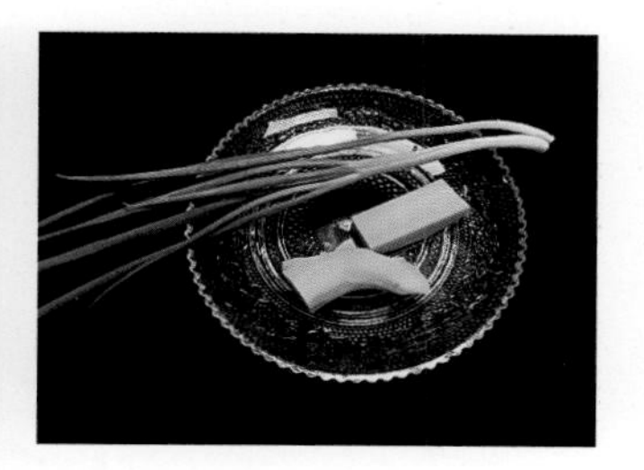

图8.13 金沙焗虾菜品原料

2）制作流程

（1）将咸鸭蛋黄蒸8分钟熟透，压碎剁成泥状，葱切葱花备用（图8.14）。

图8.14 咸鸭蛋黄的处理

图8.15 虾的加工与腌制

（2）虾洗净，剪去虾头与虾须，用剪刀剪去虾爪，开背，洗净去虾线，下盐、葱、姜汁腌制10分钟（图8.15）。

（3）取腌制好的虾用厨房纸吸干水，下干淀粉拌匀使虾表面挂上一层薄薄的淀粉（图8.16）。

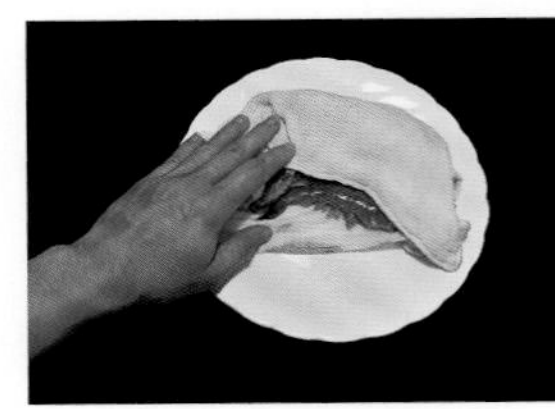

图8.16 虾拍粉

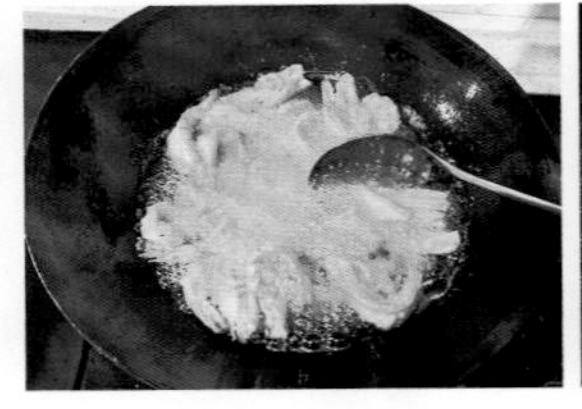

图8.17 炸虾

（4）起锅烧油至六成油温，倒入虾炸至九成熟倒出沥油（图8.17）。

（5）锅留少量底油，下咸鸭蛋黄、盐、白糖小火炒制化开起小泡沫，倒入虾与葱花上小火拌炒均匀即可起锅装盘（图8.18）。

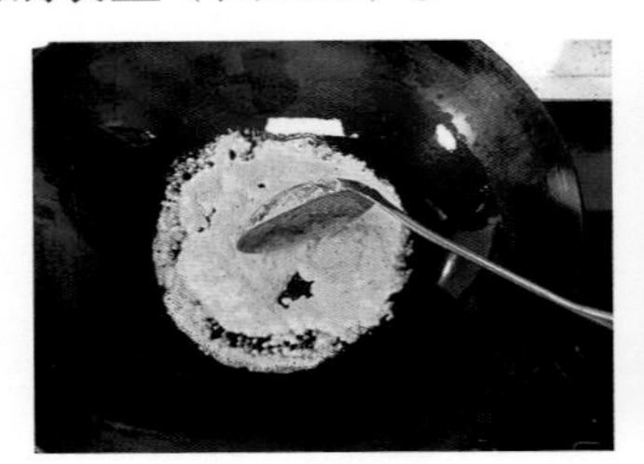

图8.18 焗制虾

3）特点

蛋香味浓，虾肉紧实，外香里嫩（图8.19）。

图8.19 金沙焗虾成品图

任务4 黄脚立鱼腊味炊饭

1）原料

（1）主料：籼米300克、黄脚立鱼1条200克（图8.20）。

（2）辅料：腊肠100克、干鱿鱼50克、腊肉50克（图8.20）。

（3）料头：葱5克、姜5克。

（4）调料：盐2克、生抽15克、胡椒粉5克、料酒5克、花生油30克。

图8.20 黄脚立鱼腊味炊饭主料及辅料

图8.21 原料经过初、精加工后的形态

2）制作流程

（1）将黄脚立鱼宰杀洗净用少许盐均匀涂抹鱼身，将腊肠、腊肉切片（图8.21）。

（2）将干鱿鱼提前洗净用温水浸泡2小时切丝，葱部分切葱花，部分切葱丝，姜切姜丝备用（图8.21）。

（3）将籼米淘洗净后加入400毫升水，装入蒸盘，放进蒸锅蒸至七成熟。再将腊肠、腊肉、鱿鱼均匀撒在饭的表面，同时将黄脚立鱼放在腊味表面，加盖继续蒸8分钟至鱼熟饭软（图8.22）。

图8.22 蒸制过程

（4）取出饭淋入生抽，撒上葱花，在鱼身上放葱、姜丝，将花生油烧至六成热浇淋在鱼身上。食用时把鱼取出，将腊味、鱿鱼丝、姜丝、葱丝与米饭拌匀即可（图8.23）。

图8.23 淋热油逼出香气

3）特点

米饭中融入了来自海鲜的鲜与腊味的香浓，鲜香可口、健康营养（图8.24）。

图8.24　黄脚立鱼腊味炊饭成品图

任务5　金不换果园鸡腿肉

1）原料

（1）主料：鸡腿肉400克（图8.25）。

（2）辅料：金不换（九层塔）25克（图8.25）。

（3）料头：红葱头10克、大蒜10克。

（4）调料：盐3克、白糖2克、胡椒粉2克、生抽10克、蚝油10克、老抽3克、麻油10克、湿淀粉10克。

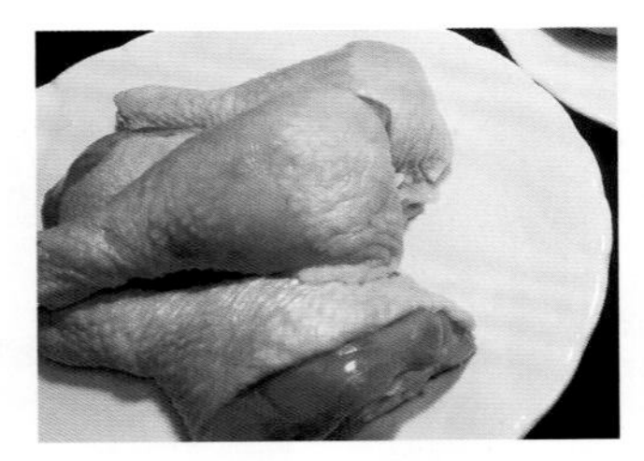

图8.25　金不换果园鸡腿肉主料、辅料及料头

2）制作流程

（1）将鸡腿起肉切成块，下生抽5克、蚝油5克、盐2克腌制15分钟（图8.26）。

图8.26　腌制鸡腿肉

（2）将大蒜、红葱头剁成蓉，再将金不换洗净摘叶备用（图8.27）。

图8.27 处理辅料和料头

图8.28 烹制鸡腿肉

图8.29 下金不换调味

（3）热锅冷油，爆香红葱头蓉、蒜蓉，下鸡肉块煎至两面上色（图8.28）。

（4）下金不换并调入盐1克、白糖2克、胡椒粉2克、生抽5克、蚝油5克、麻油10克翻炒均匀，金不换散发出香味，勾芡收汁，包尾油即可（图8.29）。

3）特点

鸡肉口感嫩滑，鸡腿肉融合了金不换特有的香气，香味浓郁，可口下饭（图8.30）。

图8.30 金不换果园鸡腿肉成品图

任务6 瓦煲焗鱼腩

1）原料

（1）主料：鲩鱼腩500克（图8.31）。

（2）料头：洋葱半个、红葱头50克、大蒜15克、姜10克、香菜15克、葱10克、红椒15克。

（3）调料：黄豆酱10克、海鲜酱5克、盐2克、白糖5克、胡椒粉5克、生抽10克、蚝油10克、麻油5克、干淀粉10克、花生油10克。

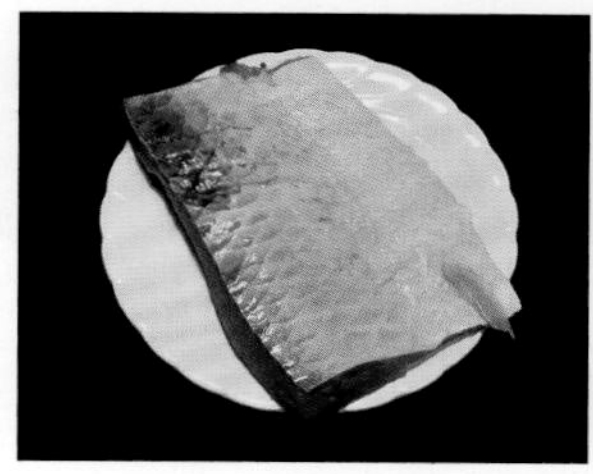

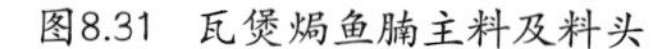

图8.31 瓦煲焗鱼腩主料及料头

图8.32 原料加工切配后的状态

2）制作流程

（1）将洋葱、红葱头、红椒切块，姜切厚片，香菜、葱切段，大蒜轻轻拍裂备用；鱼腩洗净切块备用（图8.32）。

（2）将鲩鱼腩下重盐抓匀感到黏手后用水洗净，用厨房纸吸干水，下入黄豆酱、海鲜酱、盐、白糖、胡椒粉、生抽、蚝油、麻油、干淀粉、葱、姜拌匀腌制15分钟备用（图8.33）。

图8.33　处理鱼腩

（3）将砂锅擦干水，放入油烧热，小火炒香姜、蒜、洋葱，再将干葱平铺垫底；将腌制好的鱼腩块整齐码放在炒香的料头上（图8.34）。

图8.34　炒香料头、码放鱼腩

图8.35　焗制鱼腩

（4）淋入少许花生油，盖上锅盖，用中小火焗5分钟，打开锅盖放入香菜、葱、红椒块，再盖上锅盖，并在锅盖上溅入高度米酒，调大火焗半分钟即可（图8.35）。

3）特点

菜品香气扑鼻，鱼腩鲜香嫩滑（图8.36）。

图8.36　瓦煲焗鱼腩成品图

任务7　核桃百合炒胜瓜

1）原料

（1）主料：胜瓜500克（图8.37）。

（2）辅料：核桃仁100克、鲜百合100克、胡萝卜30克、枸杞10克。

（3）料头：大蒜5克、葱5克。

（4）调料：盐6克、鸡汁2克、白糖4克、食粉5克。

图8.37　核桃百合炒胜瓜主料及部分辅料

图8.38　胜瓜与萝卜花的切制

2）制作流程

（1）将原料洗净，枸杞泡发，胜瓜去皮，一开四切成5厘米长的块，胡萝卜切萝卜花备用，鲜百合拨开瓣洗净，大蒜切片，葱切葱段备用（图8.38、图8.39）。

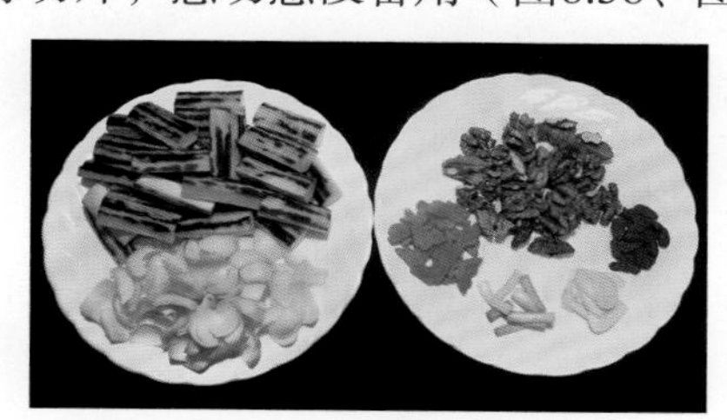

图8.39　原料切配后的状态

（2）起锅烧水下核桃仁调入食粉煮至核桃皮软能剥，核桃仁去皮后漂洗干净飞水备用（图8.40）。

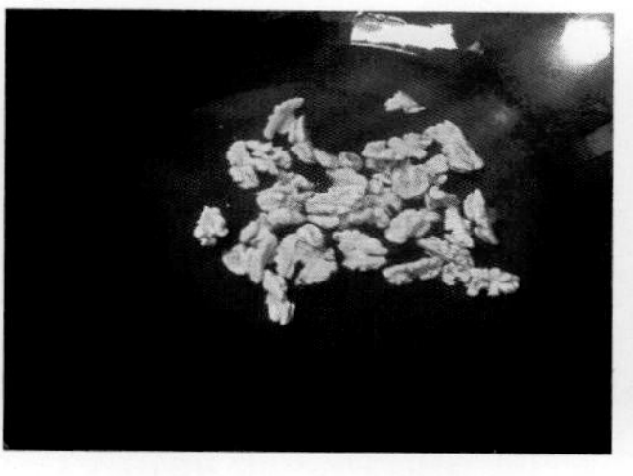

图8.40　核桃仁去皮处理

（3）将去皮并飞水过的核桃仁吸干水，锅中下油烧至两成热再下核桃仁，慢慢提高油温至四成热，核桃仁浸炸至浅金黄色倒出沥油备用（图8.41）。

图8.41　炸制核桃仁

（4）起锅下油爆香料头，分别下胜瓜、百合煸炒至断生，调味并加入炸好的核桃仁并勾芡炒匀即可（图8.42）。

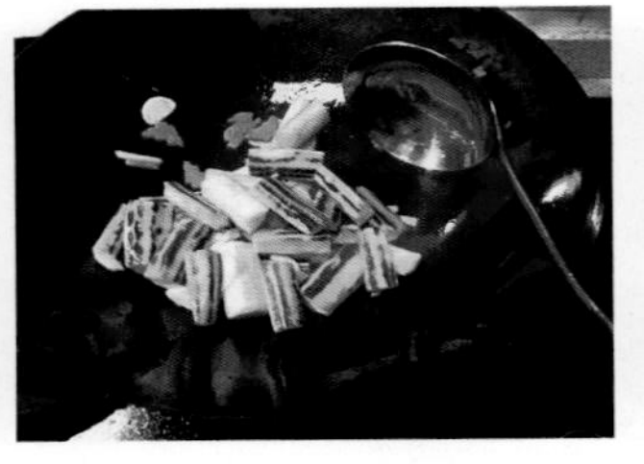

图8.42　炒制过程

3）特点

菜品清新，色泽明亮，营养丰富，胜瓜、百合爽口，核桃仁香脆可口（图8.43）。

图8.43　核桃百合炒胜瓜成品图

任务8　虎门蟹饼

1）原料

（1）主料：青膏蟹1个（约400克）（图8.44）。

（2）辅料：猪前腿肉（肥瘦3：7）500克、土鸡蛋3个（图8.44）。

（3）料头：葱15克、大蒜10克、九层塔10克（图8.44）。

（4）调料：盐6克、白糖5克、胡椒粉5克、蚝油5克、广东米酒10克、花生油15克、湿淀粉10克。

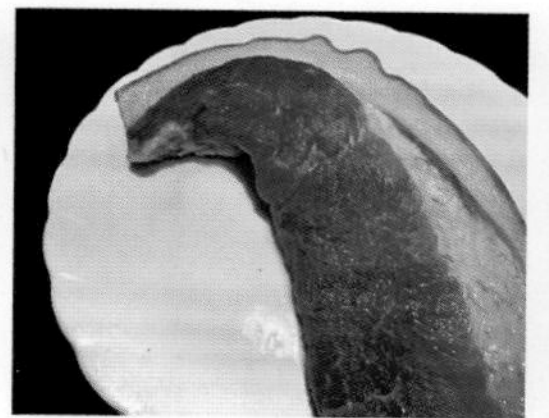

图8.44 虎门蟹饼主料、辅料及料头

2）制作流程

（1）将青膏蟹洗净，撬开背部壳，去除鳃部洗净，砍件，保留蟹脚完整，用刀轻敲拍裂蟹钳备用（图8.45）。

（2）将猪前腿肉洗净切成小块，用刀剁成肉泥，调入盐、白糖、胡椒粉、湿淀粉搅打起胶（图8.46）。

图8.45 加工切配青膏蟹

图8.46 加工猪前腿肉

（3）将鸡蛋液打散，再将葱花、蒜蓉、九层塔切碎，与鸡蛋液一起加入肉胶中拌匀，倒入蒸盘中摊成饼形（图8.47）。

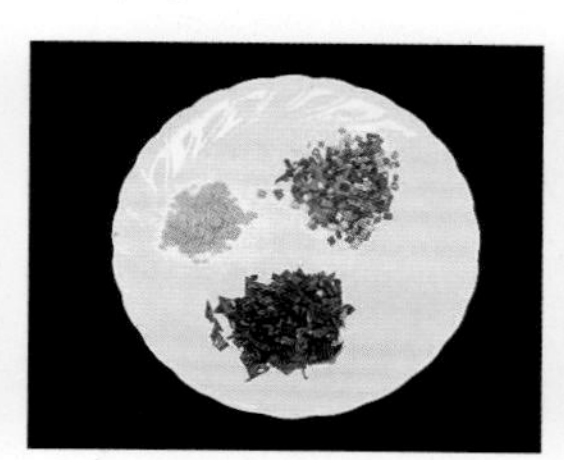
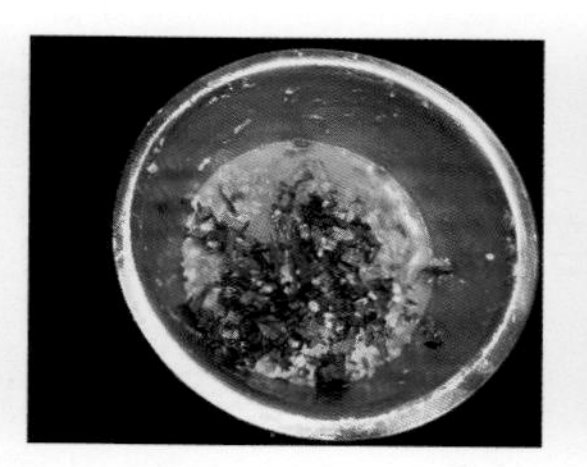

图8.47 肉蛋饼制作

（4）在不锈钢盘子上涂一层花生油，平铺肉蛋饼，将加工好的青膏蟹压进肉蛋饼内，蟹背部壳朝上，露出摆好蟹爪，形成蟹饼（图8.48）。

图8.48 装盘成蟹饼

（5）将蒸锅烧开，把蟹饼封上保鲜膜中慢火蒸15分钟，取出，放到明火炉上开小火煮3分钟，或者放入底火为180 ℃的烤箱中烤5分钟至多余的水烤干，底部与边缘有微微的肉焦香味发出即可（图8.49）。

图8.49 烹制蟹饼

3）特点

蟹的鲜味充分与肉、鸡蛋的鲜味融为一体，味道甘香，口感鲜嫩，经过烤制赋予淡淡的焦香，食后唇齿留香（图8.50）。

图8.50 虎门蟹饼成品图

任务9 椰汁芡实香芋南瓜煲

1）原料

（1）主料：香芋200克、南瓜200克、芡实50克（图8.51）。

（2）调料：盐3克、白糖100克、椰浆100克、清水400克。

图8.51 椰汁芡实香芋南瓜煲主料及部分调料

图8.52 泡芡实

2）制作流程

（1）提前将芡实用清水洗净泡2小时（图8.52）。

（2）将香芋、南瓜去皮切成长方块（图8.53）。

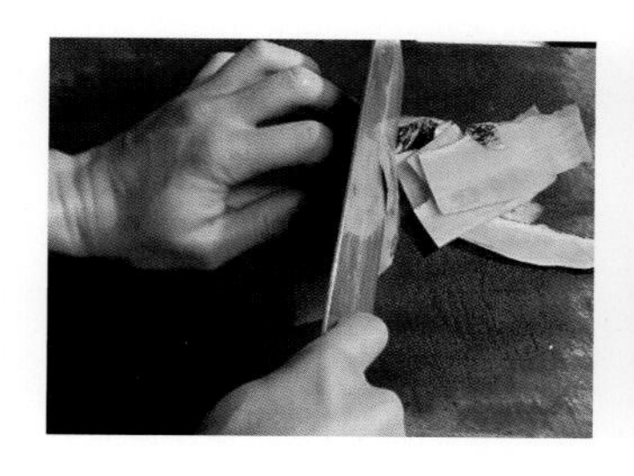

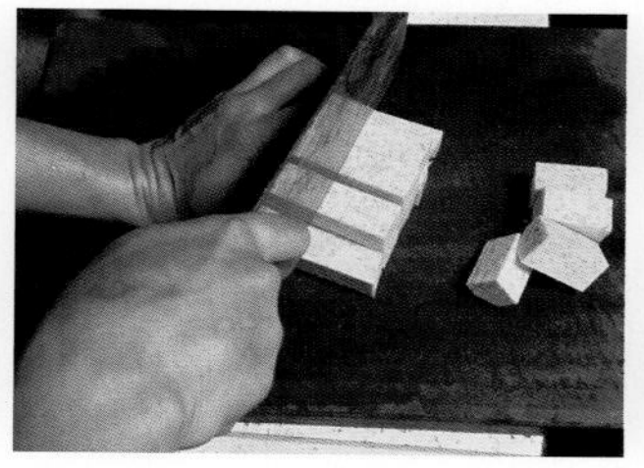

图8.53 香芋、南瓜加工切配

（3）热锅注油，放入香芋煎香，再加入南瓜块，翻炒至半熟，盛出待用（图8.54）。

图8.54 煎香香芋与南瓜

（4）取锅煮芡实至半熟，将南瓜、香芋块放入砂锅中盖锅盖烧开后转小火煲至绵软，倒入椰浆，加入盐、白糖，煲至入味即可（图8.55）。

图8.55 煮制过程

3）特点

汤色奶白，鲜甜可口，香芋南瓜绵口，芡实软糯（图8.56）。

图8.56 椰汁芡实香芋南瓜煲成品图

任务10 豉汁蒸泥猛

1）原料

（1）主料：泥猛鱼2条，每条约300克（图8.57）。

（2）料头：豆豉15克、葱10克、姜5克、蒜15克、干葱15克、青椒和红椒各15克。

（3）调料：盐2克、鸡粉5克、白糖10克、生抽10克、蚝油10克、胡椒粉5克、料酒5克、花生油20克。

图8.57 豉汁蒸泥猛主料及料头

图8.58 原料加工切配的状态

2）制作流程

（1）将泥猛鱼宰杀洗净，鱼身切一字花刀，葱切葱花，青、红椒切粒，姜、蒜、干葱、豆豉切成蓉备用（图8.58）。

（2）起锅烧油爆香豆豉、姜、干葱和蒜蓉，放入调料炒香倒出（图8.59）。

图8.59 调制豉汁

（3）将调好的豉汁均匀铺在鱼身上，放入蒸锅蒸8分钟至熟（图8.60）。

（4）将葱花、青椒粒和红椒粒撒在鱼身上，起锅油烧至六成热浇淋在上面，逼出香味即可（图8.61）。

图8.60 鱼淋上豉汁蒸制

图8.61 取出蒸好的鱼浇热油

3）特点

豆豉风味融入鱼肉中，肉质鲜嫩，豉香味浓、咸、鲜、可口（图8.62）。

图8.62 豉汁蒸泥猛成品图

香山风味菜制作

南粤香山地区，被称作粤菜文化发祥地之一，饮食文化繁盛丰富，与其特殊的地理位置及所产生的历史作用有着重要的关系。

古代香山是孤悬于珠江口外伶仃洋上的岛屿，境域为现今的五桂山（今为中山市）和凤凰山（今为珠海市）及周围的山地和丘陵地，即石岐至澳门一带的陆地，也包括现今的中山市、珠海市（含斗门区）和澳门特别行政区。

包括古代香山在内的南海岸边，是我国大陆退无可退的最后一线，宋元之际的战乱使香山成为古代人民避乱迁徙的最后落脚点。宋元的最后一战“崖门海战”及陆秀夫背负幼帝跳海等均发生于香山附近。香山一带也留有众多宋帝逃难的遗迹。

明清之际，包括澳门在内的古代香山，作为海禁政策中的仅有通道，在明末清初的西学东渐和东西方贸易中发挥了重要作用，以利玛窦为代表的一大批西方传教士经由香山进入中国，并影响中国高层士大夫。

民国时期，中山地区（包括珠海及斗门）以百年来积淀的文化和经济实力，形成较为繁荣的城市经济，餐饮产业形成规模，名店、名厨、名菜涌现，具有地域特色的餐饮文化逐渐成形。

改革开放后，中山作为毗邻港澳的前沿，得风气之先。中国第一家中外合资宾馆“中山温泉宾馆”在中山建立，带来了先进的餐饮理念；港澳人士的投资、探亲人潮，带来了旺盛的消费力。20世纪80年代，中山、珠海一带的餐饮产业走在全省乃至全国前列。

在了解香山地区由宋朝至今的重要历史节点事件之后，我们才能谈香山饮食文化的源流。

第一个话题是，香山地区的菜式及小吃品种何以如此丰富繁多？这是多元文化交融的产物。

因古代战乱带来的人口迁徙，香山形成中原文化、客家文化、闽文化、疍家文化等多元文化的交融；种养及捕捞生产的发展、食材的丰富，又为不同地域的饮食文化在香山地区形

成新的特色提供物质基础。与西方文化的交流，使西方食材和烹饪技法为中式烹饪带来丰富的借鉴融合。

地域并不广阔的香山地区，有源自中原的小榄菜、五桂山客家菜，有源自闽南的隆都菜及水乡特色的沙田菜，称作“香山四大菜系”，每个菜系都有各自丰富多样的菜式和小吃，各菜系与西方饮食的借鉴融合，还有新食材的引入，使小小的香山地区成为一个地域饮食文化发展的奇特现象。

香山第一名菜“石岐乳鸽”就是一个鲜明的例证。石岐鸽是100多年前华侨带回的西洋鸽种与石岐本地鸽杂交形成的品种。“隆都三宝”中的“焖洋鸭”，洋鸭也是舶来品。而形成各种菠萝菜式的著名的“神湾菠萝”，则来自智利。

第二个话题是，粤菜文化何以在香山地区由简单地满足口腹之欲而形成文化形态？这是城市经济发展的产物。

在近现代，最早与西方打交道的香山人，在上海、香港等大城市及海外，都是举足轻重的群体，石岐作为交通与商贸重镇，城市经济逐渐呈现。民国时期，石岐已有70多名工作人员的大型酒楼，餐饮食肆鳞次栉比。

民国初期，在石岐出版的《仁言报》等报刊多刊载餐饮广告，广告中列有不同宴席的菜单及价格。现代的报纸、广告与餐饮业的结合，是香山地区城市经济与文化、城市消费发达的标志，菜品的标准化更是饮食文化成形的重要体现。

第三个话题是，改革开放后，香山地区的餐饮产业和烹饪技艺何以再次领先？这是由地理位置和历史沉淀两个因素决定的。

先说地理位置因素。因为毗邻港澳，众多港澳人士回乡探亲、投资办厂，人员往来和商贸繁荣带来餐饮业的兴盛。20世纪80年代初，《羊城晚报》专门报道石岐饮食的盛况，为省内独树一帜。

再说历史沉淀，除了香山饮食历史所形成的丰富菜系，更重要的是人才延续。民国末期，石岐的各大酒楼公私合营，中华人民共和国成立初期成立石岐饮食服务公司，在20世纪六七十年代多次举办厨师培训班，避免了烹饪人才的断层，使民国末期老厨师的技艺得以传承。

中山温泉宾馆建成后十余年，用先进理念和技术培养了大批餐饮管理人才。港澳名厨频繁往来，带动了香山地区烹饪技艺的传承与发扬。20世纪八九十年代成长起来的以麦广帆为代表的新一代厨师，博采中西、推陈出新，形成以“中菜西做、西菜中做”为特色的“新派粤菜”，带动粤菜酒楼进入全国各大城市。

2011年11月，中山市获得中国烹饪协会颁发的全国首个“中国粤菜名城”牌匾，其实这个荣誉是颁给为粤菜文化发展做出重要贡献的整个香山地区的。不过，我们要认识到，这个荣誉是历史的、过去的。面向未来，有着悠久历史和丰富积淀的香山饮食文化要在中国美食之林、世界美食之林再现光彩，需要中珠两地共同努力，加强挖掘研究，推陈出新。

任务1 石岐乳鸽

1）原料

（1）主料：光妙龄乳鸽 2 只，约400克（图9.1）。

（2）调味料：腌乳鸽味料（盐5克、味精2克、砂糖3克、五香粉3克、桂皮粉2克、沙姜粉3克、辣椒粉2克调匀）20克、脆皮糖浆400克（白醋250克、麦芽糖75克、九江双蒸酒5克、砂糖60克调匀）、喼汁75克、淮盐75克、食用油1500克（耗油约100克）。

图9.1 乳鸽与腌料

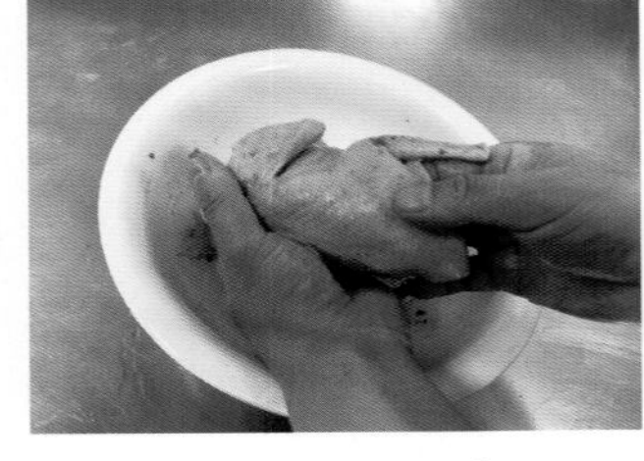

图9.2 腌制乳鸽

图9.3 乳鸽烫皮

2）制作流程

（1）先把乳鸽翅膀剪去尖的部分，再将内脏挖掉清洗干净。

（2）将乳鸽腌制，再将15克的腌乳鸽味料放入乳鸽肚子里按摩均匀，腌制4小时以上（图9.2）。

（3）煮开水把乳鸽放入锅中飞水至皮收紧（30秒至1分钟），捞出冲凉（图9.3）。

（4）乳鸽淋上自调的脆皮糖浆后，用钩穿起，挂到风机下吹干表皮的水（1.5小时左右）（图9.4）。

（5）把油烧到160 ℃左右放入乳鸽翻转受热炸至金黄色（约5分钟）（图9.5）。

图9.4 淋脆皮糖浆并钩穿

图9.5 油炸乳鸽

（6）斩件装盘。食用时跟上淮盐、喼汁蘸食。

3）特点

色泽金黄偏红，皮脆肉滑，鲜嫩多汁，香气浓郁。俗话说一鸽顶九鸡，乳鸽肉性温平，入肾肺，有治肺肾损伤、久患虚亏的功效（图9.6）。

图9.6 石岐乳鸽成品图

任务2 豉汁蒸脆肉鲩腩

1）原料

（1）主料：脆肉鲩腩250克（图9.7）。

（2）料头：蒜蓉5克、葱花10克、姜米5克、青红椒米共3克（图9.7）。

（3）调味料：精盐3克、味精2克、白糖2克、芝麻油2克、老抽2克、豉汁15克、淀粉10克、胡椒粉1克、食用油15克。

图9.7 豉汁蒸脆肉鲩腩主料及料头

2）制作流程

（1）将脆肉鲩腩洗净，切粗条，吸干水备用（图9.8）。

（2）起油锅，加入蒜蓉、姜米置于小火爆香，调入豉汁、青红椒米、精盐、味精、白糖、芝麻油、老抽拌匀成味汁。将调好的味汁与脆肉鲩腩一起拌匀调味，再加入淀粉拌匀，淋上食用油（图9.9）。

（3）将腌制好的脆肉鲩腩摆好，入蒸柜（图9.10）。

图9.8 脆肉鲩腩切条

图9.9 脆肉鲩腩拌味

图9.10 脆肉鲩腩入蒸柜

（4）入蒸柜用大火蒸约5分钟，取出，撒上胡椒粉、葱花，淋上热油即可。

3）特点

肉质爽脆，味道鲜美，豉香浓郁（图9.11）。

图9.11　豉汁蒸脆肉鲩腩成品图

任务3　小榄炸鱼球

1）原料

（1）主料：鲮鱼肉500克（图9.12）。

（2）配料：腊肉粒（或肥肉粒）50克、清水200克（图9.12）。

（3）调料：精盐8克、味精5克、胡椒粉1克、蒜蓉5克、淀粉100克、蚬蚧汁20克、陈皮5克、食用油1000克（耗油约100克）。

图9.12　小榄炸鱼球主料及配料

图9.13　剁鱼蓉

2）制作流程

（1）将鲮鱼肉洗净，吸干水，切片后剁蓉（图9.13）。

（2）在鱼蓉中放入精盐、味精，顺一个方向搅拌至有黏性，边搅边挞，再加入胡椒粉、淀粉和清水拌匀，并挞至有弹性（图9.14）。

（3）加入腊肉粒（或肥肉粒）、蒜蓉、陈皮并顺方向和匀，再挤成每粒约35克的鱼球，放在涂了油的碟上备用（图9.15）。

（4）起锅烧热油至170 ℃左右，下鱼球浸炸至金黄色，约5分钟，放回炉上，转用大火将鱼球炸至熟透，表面呈金黄色，取出装碟，食用时以蚬蚧汁蘸食（图9.16）。

图9.14 挞鱼胶

图9.15 挤鱼球

图9.16 炸鱼球

3）特点

色泽金黄，外香脆鱼肉鲜嫩，味道咸鲜。鲮鱼肉质鲜美，且有通乳汁、消脚气、治黄疸等功效（图9.17）。

图9.17 小榄炸鱼球成品图

任务4 家乡煎酿鲮鱼

1）原料

（1）主料：鲮鱼 1 条约300克（图9.18）。

图9.18 主料鲮鱼

图9.19 家乡煎酿鲮鱼配料及料头

（2）配料：马蹄20克、虾米10克、腊肉10克、陈皮5克、葱5克、香菜5克（图9.19）。

（3）料头：香菜10克、葱8克、香菇12克、辣椒10克、豆豉10克（图9.19）。

（4）调料：盐5克、味精3克、白糖5克、蚝油15克、酱油10克、芡粉等适量。

2）制作流程

（1）将鲮鱼宰杀后在保留鱼皮和头尾完好的情况下把身肉和鱼骨取出（图9.20）。

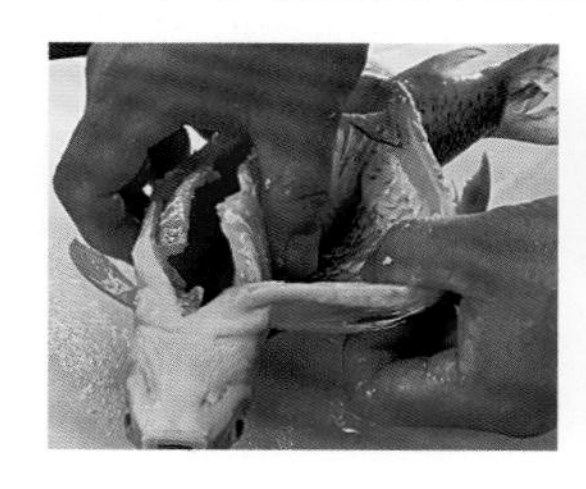

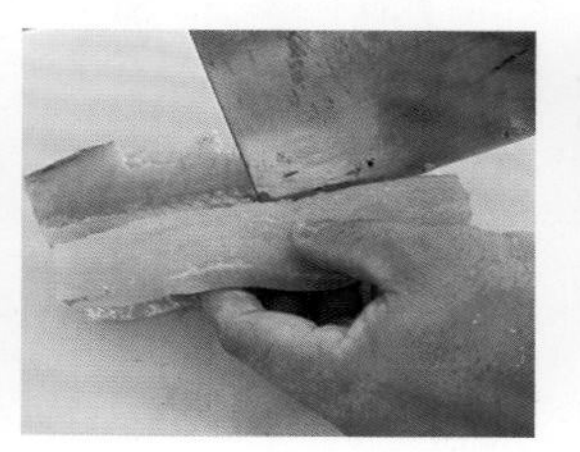

图9.20 起拆鲮鱼

（2）起出鱼肉后打鱼胶，加入马蹄、虾米、腊肉、陈皮、姜、葱拌匀。将鱼胶酿回鱼皮里，填补成一条完整的鲮鱼样（图9.21）。

图9.21 酿鲮鱼

（3）起锅先将鱼身煎至金黄，然后再加些油半煎炸将鱼炸至熟透（图9.22）。

图9.22 半煎炸鲮鱼

（4）先将煎好的鲮鱼取出切件装盘，另起锅将香菇、豆豉、辣椒、葱、蒜等料头爆香，然后加入少许水煮透，再加入盐、味精、白糖、蚝油、酱油调味勾芡（图9.23）。

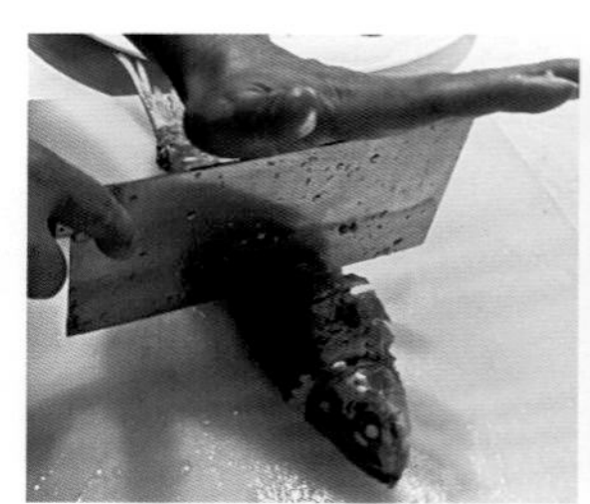

图9.23 鲮鱼斩件与淋汁

图9.24 装碟并撒上葱花

（5）将调好的芡汁淋在煎好的鱼上，撒上少许葱花和香菜即可（图9.24）。

3）特点

煎酿鲮鱼味道甘香鲜美，质感爽口弹牙。将鲮鱼起肉去骨，鱼胶酿回鱼皮里，保持整鱼形状而让鱼无骨，可大口品尝，不用担心被鱼刺刺伤（图9.25）。

图9.25 家乡煎酿鲮鱼成品图

任务5 煎酿三宝

1）原料

（1）主料：鱼胶150克（图9.26）。

（2）配料：苦瓜150克、茄子100克、辣椒100克（图9.27）。

（3）料头：姜5克、葱5克、蒜8克。

（4）调料：盐5克、味精3克、白糖5克、蚝油12克、豆豉10克、老抽3克。

图9.26 煎酿三宝部分原料

图9.27 切好的原料

2）制作流程

（1）将苦瓜切圈去瓤，茄子去皮切双飞厚片，辣椒切件去籽。姜切姜米、葱切花、蒜和豆豉剁蓉。鱼胶加盐、味精、白糖和少量葱花调好味。

（2）将苦瓜圈飞水致熟，并取出过冷河（图9.28）。

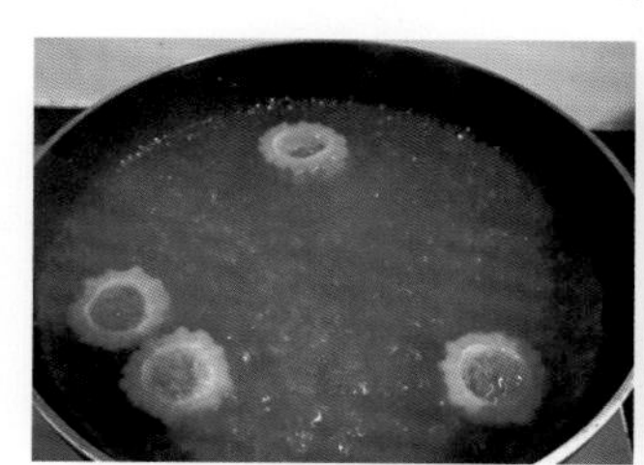

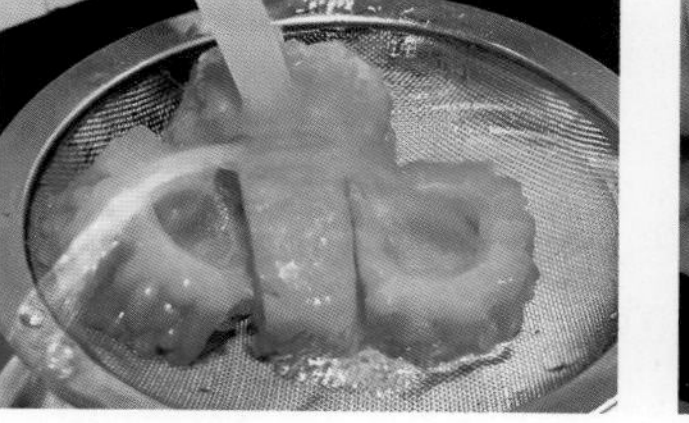

图9.28 苦瓜飞水过冷河

图9.29 三宝拍生粉酿鱼胶

（3）分别在三宝（苦瓜、茄子、辣椒）上拍一些生粉，然后分别酿入鱼胶备用（图9.29）。

（4）起锅加油，将酿好的辣椒和苦瓜煎至表皮微黄取出，茄子则用油炸至金黄色取出（图9.30）。

图9.30 三宝初步成熟

（5）在锅中留底油，下入姜米、蒜蓉、辣椒粒、豆豉等煸香，冲入适量开水。先将煎好的原料放入稍焖煮下，然后调入味精、盐、白糖、蚝油、老抽，小火焖至熟透，收汁勾芡装碟即成（图9.31）。

图9.31　焖煮三宝

图9.32　煎酿三宝成品图

3）特点

煎酿三宝颜色鲜艳、鲜香软嫩、口感独特、味道怡人，让人食欲大开。酿苦瓜微苦鲜香，不但有清热解毒、明目败火、开胃消食之效，而且还可以暖胃益气（图9.32）。

任务6　吉列海鲜卷

1）原料

（1）主料：虾仁30克、蟹柳30克、鲜鱿鱼50克（图9.33）。

（2）配料：西芹30克、胡萝卜30克、韭黄30克、鸡蛋2只（图9.33）。

（3）调料：盐3克、味精3克、沙拉酱200克、威化纸12张、面包糠300克。

图9.33　吉列海鲜卷主料及配料

图9.34　原料切丁

2）制作流程

（1）将虾仁、蟹柳、鲜鱿鱼、西芹、胡萝卜切丁，韭黄切约长2厘米的段（图9.34）。

（2）将虾仁和鲜鱿鱼先腌制入味，然后将虾仁、蟹柳和鲜鱿鱼滑油至熟，西芹、胡萝卜飞水至熟。将煮熟的虾仁、蟹柳、鲜鱿鱼、西芹、胡萝卜及韭黄装在一起，加入适量的沙拉酱及少量盐和白糖调好味（图9.35）。

（3）将调好的馅料用威化纸包成日字块（用蛋液粘封口）（图9.36）。

图9.35　馅料调好味

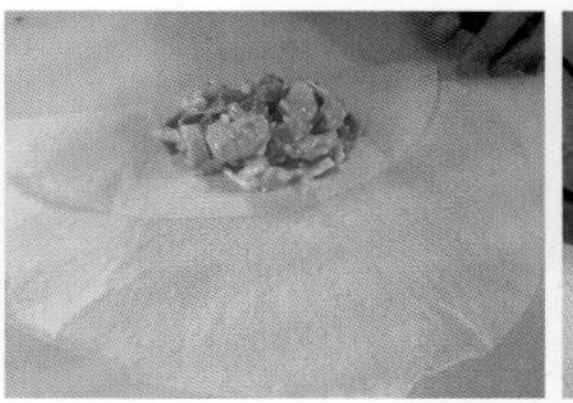
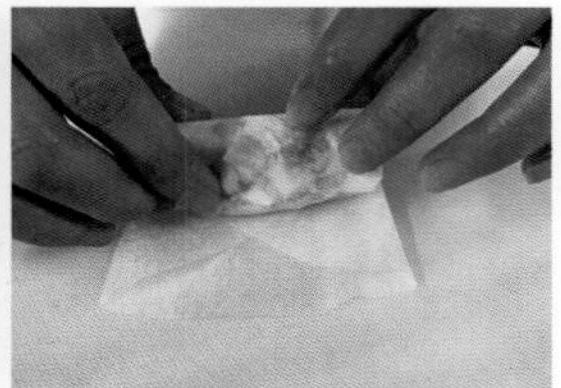

图9.36　馅料用威化纸包成日字块

（4）裹上蛋液，然后再裹一层面包糠（图9.37）。

图9.37　卷好后裹上蛋液和面包糠

图9.38　炸吉列海鲜卷

（5）然后入150 ℃的热油中炸至金黄熟透即成（图9.38）。

3）特点

色泽金黄，外香脆而内鲜嫩，味道鲜美（图9.39）。

图9.39　吉列海鲜卷成品图

任务7　三乡小炒

1）原料

（1）主料：瘦肉150克（图9.40）。

（2）配料：鸡肾50克、土魷50克、荷兰豆50克、菜头50克、红萝卜50克、洋葱30克、木耳30克、芹菜50克、酸菜30克（图9.40）。

（3）料头：姜10克、蒜10克。

（4）调料：盐5克、白糖5克、味精3克、生抽10克。

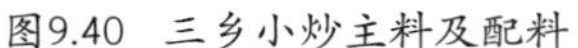

图9.40 三乡小炒主料及配料　　图9.41 三乡小炒原料初加工

2）制作流程

（1）将蒜剁蓉，其余所有原料切成丝（图9.41）。

（2）瘦肉丝和鸡肾丝腌制后滑油（图9.42）。

（3）鱿鱼丝炸香脆，其余菜丝焯水至八成熟取出过冷河（图9.43）。

（4）炒香酸菜，然后爆香蒜蓉，再加入其余所有材料炒匀，调味勾芡即成（图9.44）。

图9.42 瘦肉丝腌制滑油处理

图9.43 配料飞水处理

图9.44 原料翻炒成菜

3）特点

口味酸甜开胃，味道鲜美，口感脆嫩爽口，层次丰富，乡土风味十足（图9.45）。

图9.45 三乡小炒成品图

任务8 咸鱼茄子煲

1）原料

（1）主料：茄子1条约300克、咸鱼60克、五花肉80克（图9.46）。

（2）料头：姜10克、蒜10克、红尖椒50克。

（3）调味料：盐5克、白糖5克、味精3克、生抽10克、老抽3克、蚝油15克、生粉20克、食用油1000克。

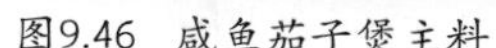

图9.46 咸鱼茄子煲主料

图9.47 原料刀工处理

2）制作流程

（1）将茄子切条先放入盐水中浸泡，再将五花肉、咸鱼、姜、蒜和红尖椒均切米粒状，葱切葱花（图9.47）。

（2）起油锅，将茄条撒上少许生粉拌匀，把油烧至170 ℃左右，放入茄条炸至表面微黄，内部变软，水变少后取出沥油备用（图9.48）。

（3）起油锅，将肉末、咸鱼粒、姜米、蒜粒和红尖椒粒入锅爆香。先加入炸好的茄条，再加入清水，清水浸过茄条，再加入盐、白糖、味精、生抽、蚝油大火煮开后转小火加盖焖煮（图9.49）。

（4）待菜汁收少后加入老抽调色，生粉勾芡，另用煲仔烧热，把烧好的茄子转装入煲仔，撒上少量葱花即可（图9.50）。

图9.48 油炸茄子

图9.49 焖煮茄子

图9.50 茄子转煲仔加热

3）特点

咸鲜滑软，食之满口溢香，是下饭的好菜（图9.51）。

图9.51 咸鱼茄子煲成品图

任务9 子姜焖鸭

1）原料

（1）主料：番鸭600克（图9.52）。

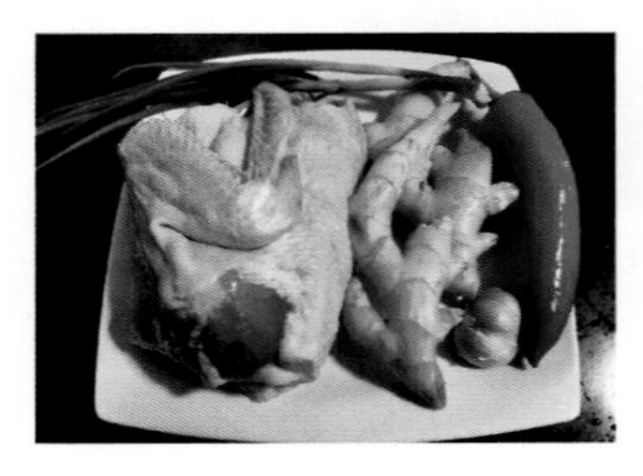

图9.52 子姜焖鸭部分原料

（2）配料：子姜200克（图9.52）。

（3）料头：葱8克、蒜10克、青红椒50克等。

（4）调味料：盐5克、味精3克、白糖5克、蚝油10克、生抽10克、料酒8克、生粉15克、食用油1000克、冰糖、白醋等适量。

2）制作流程

（1）将番鸭洗净斩块，用生抽、盐、蚝油、白糖、生粉腌制一会儿（图9.53）。

图9.53 鸭肉斩件并腌制

图9.54 切配好的主配料

图9.55 鸭肉煎香

图9.56 焖煮鸭肉

（2）将子姜洗净切厚片，然后用冰糖、白醋提前腌制。蒜剁蓉、葱切段、青红椒切小片（图9.54）。

（3）起油锅，爆香蒜头，下鸭块煸炒至出油，至鸭皮稍焦黄（图9.55）。

（4）先加入子姜片和蒜蓉，调入料酒稍炒下，然后加水至没过鸭肉，开大火煮开后转小火加盖焖至鸭肉软焾（图9.56）。

（5）待鸭肉软焾后，大火收干汁水，加入青红椒炒匀，调好味，勾芡、转入煲仔，撒上葱段即可。

3）特点

口味浓郁中还有子姜的酸辣，酸爽开胃，味感层次丰富，乡土风味十足（图9.57）。

图9.57 子姜焖鸭成品图

任务10 三乡炒濑粉

1）原料

（1）主料：濑粉300克（图9.58）。

（2）配料：叉烧100克、银芽100克、五花肉100克（图9.58）。

（3）料头：洋葱50克、青红尖椒50克、胡萝卜50克。

（4）调味料：盐5克、白糖5克、生抽10克、老抽3克、胡椒粉2克、食用油200克。

图9.58 三乡炒濑粉部分原料

2）制作流程

（1）将叉烧和五花肉切丝，五花肉丝腌制一会儿。银芽洗净去头尾，青红尖椒、洋葱切丝（图9.59）。

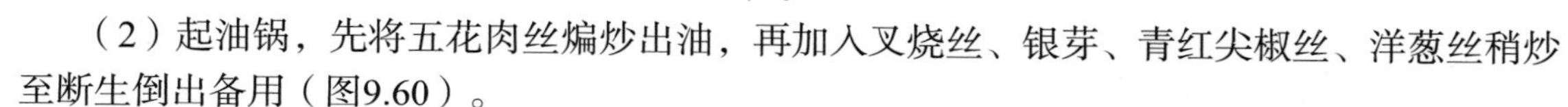

（2）起油锅，先将五花肉丝煸炒出油，再加入叉烧丝、银芽、青红尖椒丝、洋葱丝稍炒至断生倒出备用（图9.60）。

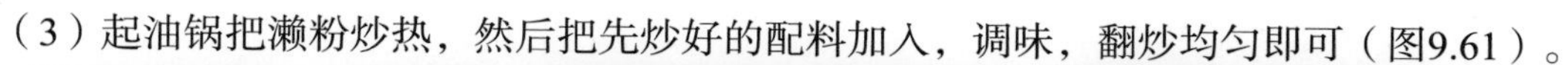

（3）起油锅把濑粉炒热，然后把先炒好的配料加入，调味，翻炒均匀即可（图9.61）。

图9.59 切配好的三乡炒濑粉主料、配料

图9.60 配料炒香

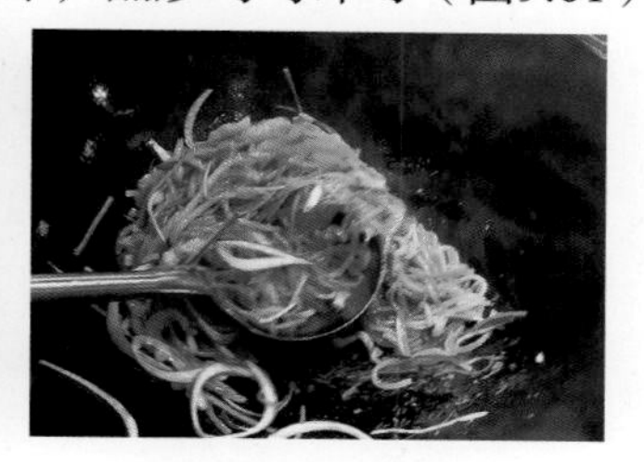

图9.61 翻炒濑粉

3）特点

口味咸香，口感爽滑，香味浓郁，引人食欲（图9.62）。

图9.62 三乡炒濑粉成品图

珠海新派风味九大簋特色菜制作

“九大簋”是广东省特别是珠江三角洲地区盛宴的总称，被誉为南方的满汉全席。

在中国传统文化中，不但《易经》乾卦有 “飞龙在天，利见大人”，而且有“造化之初，九大相争”“九乃数之极”等之言，无不显示数字“九”的神秘与地位之隆，同时与“久”同音，寓意健康长寿，蕴含着人民的美好愿望。而“簋”原指古代放置食物的器皿，也是当时贵族的食器或祭器，可见“簋”的珍贵。在“九”和“簋”中还加入一个“大”字，终成“九大簋”，可见其规格之高、用料之精、丰盛之极。

广东省各地“九大簋”的菜式、用料、工艺等，因文化传承与习俗等有别，故各具特色。唐家湾的“九大簋”在珠海市尤为盛名，是以前唐家人在重大节日中必不可少的盛宴，一般在结婚、满月、生日等重大日子才会摆出“九大簋”。珠海的传统“九大簋”的代表菜式分别是海味炖冬菇、秘制砂锅鸭、南乳冬笋炖花腩、白切鸡、唐家牙泡菜、虾米炒浮皮、蒜蓉炖海蚬、扣肉煲和九品咕噜肉。

2019年，借推行“粤菜师傅”工程之机，珠海市人力资源和社会保障局统筹，珠海市考试院执行，聘请邓谦、韦当坚、李开明、余斌照、卢成、刘春林、吴子逸等为专家，挖掘珠海特色食材，开发新派“九大簋特色菜”。

“珠海九大簋特色菜”的开发，其目的有三。一是挖掘本土特色食材，与传统“九大簋”的文化相融合，开发新菜式，赋予特色菜以文化气息。二是制定新标准，大力开展培训，将“菜”与“才”结合，全面培养“粤菜师傅”，助力乡村振兴。三是以此进一步打造珠海新派粤菜的名片，促进非物质文化遗产的传承，为推动珠海饮食历史文化的弘扬贡献力量。

“珠海九大簋特色菜”主要包括白灼基围虾、清蒸重壳蟹、铜盘卜卜黄沙蚬、功夫鲈鱼、珠海白切鸡、原只焗生蚝、藕乡情、生炒藤鳝和乾务飘香泥鱼九个代表菜。本项目将对其原料、制作、成品质量等进行详细的介绍。

任务1　白灼基围虾

1）原料

（1）主料：斗门基围虾500克。

（2）辅料：姜片30克、青红椒圈10克。

（3）调料：酱油30克、精盐3克、白糖2克、花生油5克。

图10.1　猛火灼虾

2）制作流程

（1）将姜清洗干净，去皮，切厚片。

（2）切青红椒圈：选中等青红尖椒，清洗干净青红椒后切配，要求厚度为1毫米，椒圈厚薄大小均匀，无辣椒籽。

（3）将虾身、虾脚等的污垢清洗干净，待用。

（4）调制酱汁：将青红椒圈淋少许热油，加入酱油、白糖、花生油、精盐即可。

（5）灼虾：大火将水烧沸腾，加入姜片、虾，用炒勺或铲轻推，以便虾上下均匀受热。待虾的色泽变红，尾部开始变弯时捞起。灼虾时，水要较宽，且持续沸腾，以保持水温相对恒定，便于虾均匀受热，成熟度一致（图10.1）。

（6）装盘造型：将白灼好的基围虾，头朝圆碟中心，按顺序环绕拼摆成圆形。

图10.2　白灼基围虾成品图

3）特点

基围虾色泽鲜红有光泽，虾身饱满，肉质爽、嫩，味道清鲜、甜美；完整、无黑头、干净无异味，菜品造型美观（图10.2）。

任务2　清蒸重壳蟹

1）原料

（1）主料：斗门重壳蟹5只（图10.3）。

（2）辅料：姜片15克 、长葱条10克。

（3）调料：蒸鱼豉油30克、花生油10克。

图10.3　鲜活的斗门重壳蟹

2）制作流程

（1）将姜清洗干净，去皮，切厚片。

（2）将重壳蟹身、步足、螯足（蟹钳）等的污垢清洗干净，待用。

（3）将清洗干净的蟹平摆在碟子上，蟹背朝上，在蟹壳上扫一层花生油后，放上姜片、

图10.4 清蒸重壳蟹成品图

长葱条。

（4）将蟹放进冒猛烈蒸汽的蒸柜里，大火蒸12～15分钟，成熟即可。

（5）将蒸好的蟹，取出蟹壳，去除蟹胃、蟹心、蟹鳃、蟹脐、蟹肠，从蟹中心一开二。

（6）装盘造型：将蟹按顺序摆入椭圆形碟子中，蟹壳摆两边，眼睛朝外，并在边缘淋上蒸鱼豉油即可。

3）特点

蒸好的重壳蟹蟹体完整有光泽，结实丰满，无蟹足脱落现象，干净无异味。肉质紧密有弹性，不易剥离，蟹黄凝固不流动，肉质嫩滑，“重壳”明显，口感好，味道鲜香，营养价值高（图10.4）。注：重壳蟹是珠海咸淡水域养殖的特色食材，一层软壳和一层硬壳。

任务3 铜盆卜卜黄沙蚬

1）原料

（1）主料：斗门黄沙蚬750克（图10.5）。

（2）辅料：蒜蓉30克、青红椒圈10克。

（3）调料：精盐5克、生抽20克、细砂糖2克、鸡粉3克、花生油5克。

图10.5 鲜活的斗门黄沙蚬

图10.6 准备焗制黄沙蚬

2）制作流程

（1）将大蒜取头、外衣，先拍后剁至成蓉。

（2）切青红椒圈：选中等青红尖椒，清洗干净青红椒后切配，要求厚度为1毫米，椒圈厚薄、大小均匀，无辣椒籽。

（3）将黄沙蚬的壳清洗干净，并加少许精盐，让其吐沙。

（4）将清洗干净、无异味的黄沙蚬均匀摆在铜盘内，加入少量的水（平放蚬壳的1/3），撒上蒜蓉、精盐、细砂糖、鸡粉、青红椒圈、花生油（图10.6）。

（5）铜盘加盖或用锡纸封闭，并放在明火上，猛火烧，焗约5分钟，蚬壳张开，肉质饱满即可关火。

图10.7 铜盘卜卜黄沙蚬成品图

（6）上桌时，剪开锡纸，淋上花生油即可。

3）特点

蒸好的黄沙蚬，蚬壳张开，肉质雪白、饱满，鲜嫩多汁。菜品色泽黄、白、青、红相映，秀色可餐（图10.7）。

任务4 功夫鲈鱼

1）原料

（1）主料：海鲈鱼750克（图10.8）。

（2）辅料：鸡蛋1只、魔芋丝80克、小棠菜200克、香芹50克、香菜30克、葱白30克、姜片20克。

（3）调料：精盐20克、白糖3克、味精5克、胡椒粉3克、麻油3克、料酒5克、花生油15克、湿淀粉20克。

图10.8 功夫鲈鱼主料及部分辅料

图10.9 起双飞片

图10.10 腌制鱼片

2）制作流程

（1）将小棠菜清洗干净，摘去外层叶子，留出菜心部分，直径约2.5厘米；接着切姜片，将香芹、香菜、葱白切粒。

（2）将海鲈鱼从鳃部放血，接着刮去鱼鳞，特别注意头部、腹部、背鳍两侧、鱼尾这些部位的鱼鳞去除干净。

（3）用刀去除鱼鳃，开膛去内脏。注意不要划破鱼胆，否则粘上胆汁的鱼肉会变苦，影响味道。同时清洗干净血污等杂物。

（4）起鱼片：从尾部贴骨往头部起出两边的鱼肉，并去除腩骨。注意起肉时，要紧贴鱼骨运刀，尽可能地把鱼肉起干净，并要求鱼肉表面光滑、平整、无鱼刺。将鱼肉清洗干净后，从尾部鱼肉开始，斜刀片双飞片。双飞片要求大小、厚薄均匀，长5厘米以上、宽3厘米以上，厚约为2毫米（图10.9）。

（5）将鱼片清洗干净，加入5克精盐，搅拌起胶，加入鸡蛋清拌匀，最后加入湿淀粉拌匀待用（图10.10）。

（6）先将鱼头竖着平均斩成两等份，再将鱼骨、鱼腩斩件，洗干净。接着，热锅阴油，加入姜片，放下鱼头、鱼骨、鱼腩、鱼尾，将其煎至变白，加料酒，再加入开水，猛火滚制，直至汤色浓白。过滤后留出浓白汤（图10.11、图10.12）。

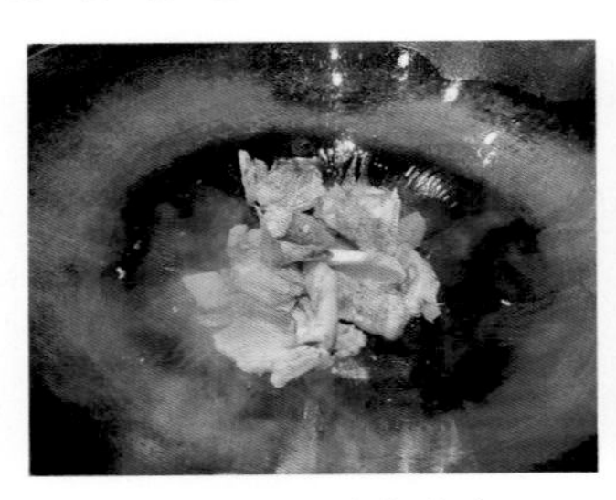

图10.11 煎鱼骨腩

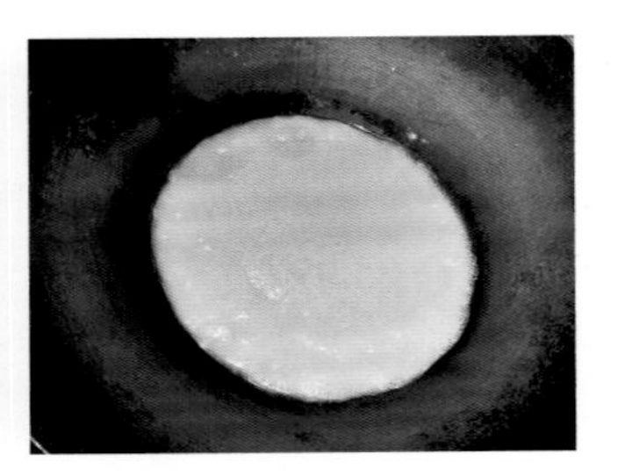
图10.12 滚鱼汤

（7）将锅清洗干净，加入鱼汤、魔芋丝，烧开调味，放香芹粒。接着调小火，将鱼片散落在汤里，用勺子轻轻推散，慢火或离火浸至刚熟，撒入葱粒、香菜即可。

图10.13 功夫鲈鱼成品图

（8）将鱼片、魔芋丝放入汤器皿中，最后放入飞水成熟的小棠菜。

3）特点

汤色奶白，清鲜甜美、咸淡适中；鱼片大小、厚薄均匀，洁白嫩滑，完整而无鱼刺（图10.13）。注：珠海斗门白蕉是中国鲈鱼之乡。

任务5 珠海白切鸡

1）原料

（1）主料：光鸡1只1250克（图10.14）。

（2）辅料：清汤5000克、姜蓉100克、葱丝50克。

（3）调料：精盐7克、味精5克、麻油3克、花生油150克。

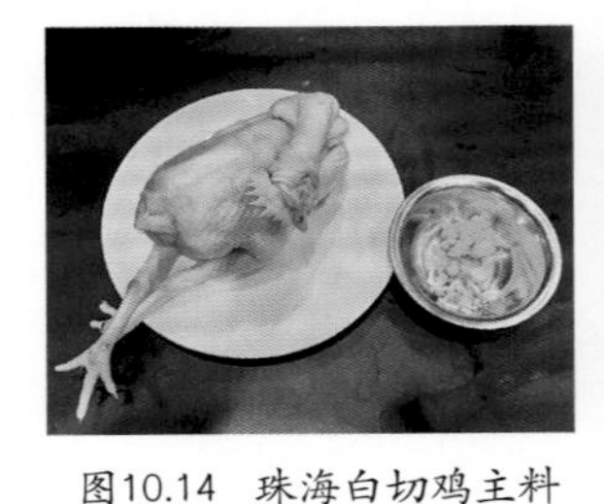
图10.14 珠海白切鸡主料及部分辅料

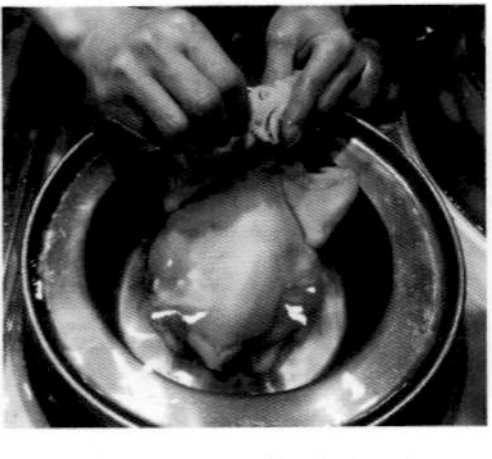
图10.15 去除细毛

图10.16 提鸡换水

图10.17 浸鸡

2）制作流程

（1）将姜刮去皮，拍碎，剁成蓉；将葱切去葱白，卷起切葱丝，葱丝要求细长、均匀。

（2）将光鸡挖去鸡肺，清理干净细毛，特别是鸡头、脖子部位的细毛。清洗干净后，沥干水备用（图10.15）。

（3）将清汤烧沸，调小火，手持鸡头将鸡放进汤内，等汤几乎到达头部时，提起鸡，

让汤水流出，重复三次后，将鸡完全浸入清汤中，熄火浸制约20分钟，成熟即可（图10.16、图10.17）。

（4）将浸熟的鸡放进冰水中浸泡，防止鸡肉继续受热，同时增加鸡皮的爽口感。

（5）将鸡斩件拼摆成鸡形，数量不少于32件。

（6）烧热锅，加入花生油烧热，淋在姜蓉中，加入调味料拌匀，作为跟碟。

3）特点

斩好的鸡造型形象，皮色黄亮，鸡件大小均匀，皮肉相连；鸡刚熟，肉色洁白，质感嫩滑，鸡皮爽口，无流血或渗血现象。姜蓉跟碟咸淡适中（图10.18）。

图10.18　珠海白切鸡成品图

任务6　原只焗生蚝

1）原料

（1）主料：生蚝10只（连壳）（图10.19）。

（2）辅料：蒜蓉100克、红椒粒50克、葱花50克（图10.19）。

（3）调料：精盐10、味精5克、蚝油10克、胡椒粉5克、白糖5克、花生油100克。

图10.19　原只焗生蚝主料及辅料

图10.20　放上蒜蓉汁酱后开始焗制

2）制作流程

（1）将蒜去头尾、外衣，采用拍、切、剁等刀法，将其剁成蓉；将红椒清洗干净，去蒂，剖开去籽，切条后切粒；切葱花，待用。

（2）将蒜蓉加入精盐10克、味精5克、蚝油10克、胡椒粉5克、花生油50克调味，待用。

（3）提前半小时开焗炉，调炉温：面火230 ℃，底火为180 ℃。将生蚝放在烤盘上，放上蒜蓉汁酱。再放进焗炉里，焗约5分钟仅熟，即可拿出来装盘。焗生蚝时，注意炉温和焗的时间控制，焗的时间过短，生蚝不熟；焗的时间过长，会干瘪、黯色、口感老（图10.20）。

（4）焗好生蚝后，放上葱花、红椒粒，淋上热油，装盘即可。

3）特点

焗好的生蚝完整、饱满、光泽度好，无破裂、干瘪暗色现象；口感鲜嫩、多汁，蒜香味浓郁（图10.21）。

图10.21　原只焗生蚝成品图

任务7　藕乡情

1）原料

（1）主料：莲藕200克、厚肥肉500克（图10.22）。

（2）辅料：猪五花肉150克、冬菇30克、虾仁100克、生粉300克、姜10克、葱花10克、鸡蛋3个、香菜叶10片。

图10.22　藕乡情主料及部分辅料

（3）调料：盐8克、味精5克、生抽5克、胡椒粉3克、白糖3克、麻油5克、调和油1000克。

2）制作流程

（1）将莲藕去皮，清洗干净，切中片、切条、切小丁，泡水备用；将猪五花肉剁成蓉；将发好的冬菇去蒂，切中条，再切丁；将虾仁去虾线后切丁。素菜类的丁可以适当小一些，虾仁的丁可大一些。

（2）将厚肥肉冻硬，用圆形模具压成约6圆柱体，再用切片机或用刀将其片成约2毫米的薄片，加少许盐、白糖腌制待用。

（3）将猪肉馅加盐、蛋清搅拌起胶，加入飞水后的莲藕小丁、冬菇丁及其他辅料，以及加入盐5克、味精5克、生抽5克、胡椒粉3克、白糖3克、麻油5克调味，最后加入少许生粉拌匀，待用（图10.23）。

（4）将肥肉片拍上一层薄薄的干生粉，加入馅料，接着在肥肉片边缘抹一层蛋清，再盖上一片拍粉后的肥肉片，然后将上下分肥肉片边缘捏成紧闭的合状（图10.24）。

（5）猛火烧锅，落油烧至约四成熟，端离火位，将藕合逐个粘上全蛋液后，从边缘放入油锅中，浸炸至熟且呈淡黄色，用笊篱捞起。接着升高油温至180 ℃，放入藕合炸至金黄色即可捞起沥干油，上碟摆整齐即可（图10.25）。

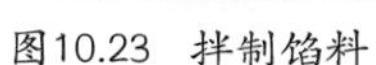
图10.23 拌制馅料

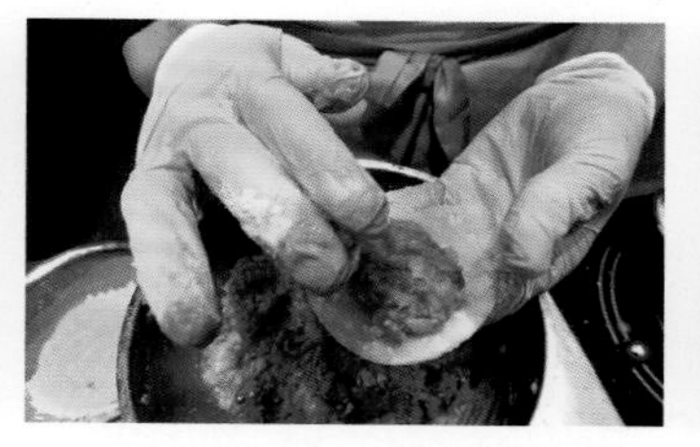
图10.24 包藕合

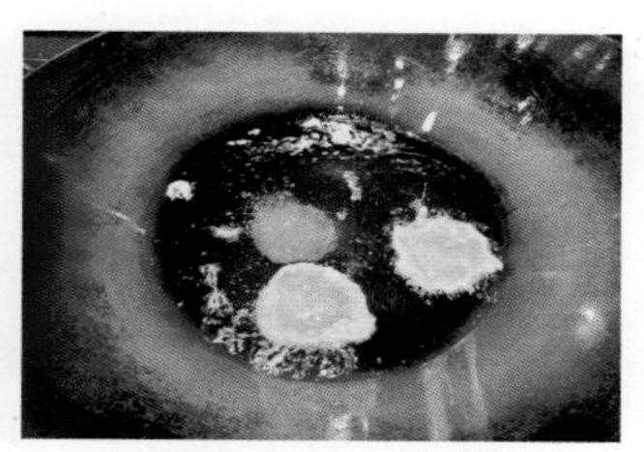
图10.25 炸藕合

3）特点

藕合大小均匀、色泽金黄，外酥、香；里鲜、嫩，味道清鲜、咸淡适中，而且肉馅较为爽口（图10.26）。注：珠海斗门白藤湖莲藕粉糯、香甜。

图10.26 藕乡情成品图

任务8 生炒藤鳝

图10.27 藤鳝

1）原料

（1）主料：藤鳝250克（图10.27）、子姜100克。

（2）辅料：葱段15克、黄圆椒片30克、姜汁10克。

（3）调料：精盐3克、生抽5克、豆豉10克、胡椒粉3克、白糖3克、麻油3克、料酒5克、调和油20克。

2）制作流程

（1）将子姜去皮，切成长方形的片，规格为4厘米×2厘米×2毫米；将黄圆椒去蒂、囊，切成长约为2.5厘米的菱形片；将葱切成葱段；将豆豉剁成泥，待用。

（2）将藤鳝放血，宰杀，去脊骨、内脏后，清洗干净。接着将藤鳝肉斜刀切成长5厘米的菱形片，待用。

（3）热锅阴油，加入姜片煸炒至金黄色。

（4）接着加入藤鳝鱼片、料酒，猛火煸炒。在煸炒的过程中加入姜汁和豆豉泥。在鳝片将成熟时，加入黄圆椒片、精盐、生抽、胡椒粉、白糖、麻油翻炒，再加入葱段、包尾油略炒即可装盘。

3）特点

菜品锅气浓郁，芡紧而油亮，主辅料的大小规格合理，不懈油；鳝片完整不散碎，本味、姜味融合突出，口感集咸、鲜、香、滑于一体，姜片金黄无渣（图10.28）。注：藤鳝是珠海斗门特色食材，子姜生炒藤鳝，一片生姜搭配一片藤鳝吃法，最具风味特色。

图10.28 生炒藤鳝成品图

任务9 乾务飘香泥鱼

1）原料

（1）主料：泥鱼250克（图10.29）。

（2）辅料：青尖椒20克、红尖椒20克、葱20克、陈皮10克、干葱20克、大蒜10克、姜10克。

（3）调料：精盐3克、生抽5克、老抽2克、蚝油5克、胡椒粉3克、白糖3克、鸡粉4克、麻油3克、湿淀粉15克、料酒5克、调和油1000克。

2）制作流程

（1）将青红尖椒去蒂、囊，切成粒状；陈皮浸泡后去肉，切粒；将葱切葱白圈；干葱剁蓉；蒜剁蒜蓉；姜剁姜蓉；待用。

（2）锅里加水，烧至水温约为50 ℃，将泥鱼放进水中加锅盖盖住，直至其死亡（图10.30）。接着将泥鱼捞起，用刀刮去鱼鳞，清洗干净待用（图10.31）。

（3）将精盐、生抽、老抽、胡椒粉、白糖、鸡粉、麻油、湿淀粉等，加少许水调成碗芡。

（4）热锅阴油，慢火将泥鱼略微煎制，然后加入调好的碗芡、姜蓉、蒜蓉、干葱蓉、青红椒粒，略微煸香，淋入碗芡，大火收汁，加入葱白、包尾油稍微加热，装盘造型（图10.32）。

图10.29 乾务飘香泥鱼主料及部分辅料

图10.30 将泥鱼放进温水中加盖至其死亡

图10.31 刮去鱼鳞

图10.32 煎泥鱼

3）特点

泥鱼成品大小均匀，完整不散碎，色泽黑中带光亮，皮酥香、肉嫩滑，味道咸、香、鲜，摆放整齐（图10.33）。

图10.33 乾务飘香泥鱼成品图

项目 11

广东风味糕点制作

广东风味糕点是指广东地区生产的糕点，由于广州市长期以来是广东省政治、经济、文化的中心，糕点生产比省内其他各地发展快，客观上形成了以广州产品为主要代表。广东风味糕点最早以民间食品为主。

广东地处我国东南沿海，气候温和，雨量充足，物产丰富，盛产大米，故当时的民间食品一般都是米制品，如伦教糕、萝卜糕、糯米年糕、油炸糖环等。1758年的《广州府志》中有煎堆、沙壅、白饼、黄饼等记载。广州作为对外通商口岸，较早的从国外传入面包、各式西点的生产。广东风味糕点是在民间食品的基础上，广泛吸取北方各地，包括宫廷面点和西式糕饼技艺发展而成，再结合广东地区人民生活习惯，工艺上不断加以改进，经过历代的演变发展，逐步具有独特的广东风味。广东风味糕点是开放及包容的产物。它有三大来源：一是岭南民间小吃，以米制品为主；二是面食点心，以北方面点为主；三是西式糕点，即西餐的烘焙类点心。

广东糕点概括来说，具有用料精博、制作精细、品种繁多、款式新颖、用料重糖、成品皮薄馅厚、口味清新多样、咸甜兼备等特点，能适应四季节令和各方人士需求。广式糕点的名称和分类，历史上没有确切规定，习惯上分中饼、西饼和面包3类。根据传统制作方法及产品性质来区分，中饼有糖浆皮类、水油酥皮类、松酥类、糕粉类、油器类等，西饼有擘酥皮类、蛋糕类、蛋戟类等，面包分甜面包和咸面包两大类。

广东地域宽广，有平川、有山区、有海岛、有内陆，人们生活习惯各不相同，故来源于民间、取材于当地的小吃也因地而异，各具特色。例如广州市汇集了各地的小吃，品种新颖、变化多样；而潮汕地区小吃却以海产品、甜食著称，且遍布城乡，以品种多样、用料讲究、配料独特、味道可口而闻名遐迩。粤西地区的小吃风味浓厚、选料朴实、味道醇厚、造型丰富。现选广东各地颇具代表性的风味小吃，以期反映出广东风味小吃的基本风貌，并对弘扬广东糕点有所裨益。

任务1 擂沙汤圆

1）原料

（1）主料。

①面团：糯米粉300克、澄粉50克、清水约300克、白糖10克、调和油10克（图11.1）。

②馅心：黑芝麻100克、糖粉75克、玉米淀粉75克、猪油75克（图11.2）。

（2）辅料：花生米100克（图11.3）。

图11.1 擂沙汤圆面团材料

图11.2 擂沙汤圆馅心材料

图11.3 花生米

2）制作流程

（1）将黑芝麻炒香，晾凉后用料理机制成黑芝麻粉（图11.4）。

图11.4 制作黑芝麻粉

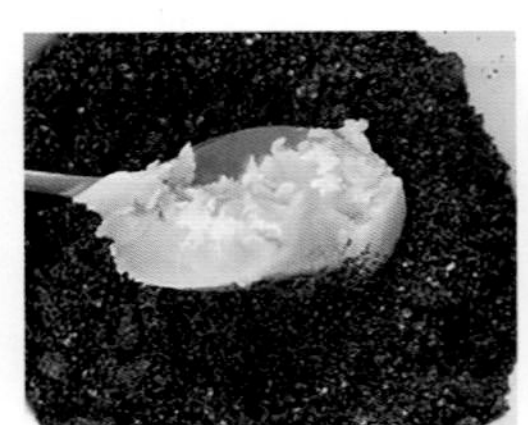

图11.5 调制芝麻馅

（2）加入糖粉、玉米淀粉、猪油拌匀即制成擂沙汤圆馅心，冷藏备用（图11.5）。

（3）将花生炒熟，晾凉后去外衣后，用料理机制成花生粉，备用（图11.6）。

图11.6 制作花生粉

（4）先取140克清水煮沸后将澄粉烫熟，然后加入糯米粉、160克清水、调和油，揉搓成光滑面团（图11.7）。

（5）将面团下剂（25克/个），搓圆按扁包入15克馅心，收口成球状即为汤圆坯（图11.8）。

（6）将汤圆坯放入沸水中煮熟（约5分钟），沥干水趁热放在花生粉中滚沾均匀即成（图11.9）。

图11.7　调制汤圆面坯

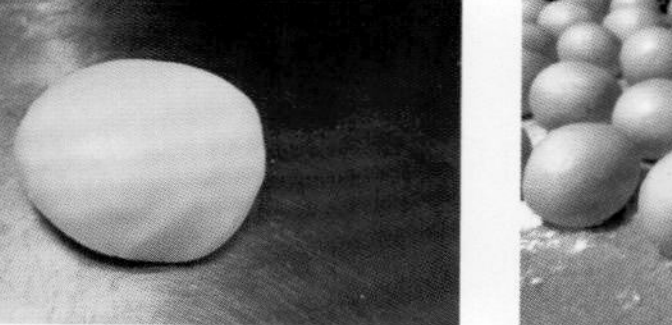

图11.8　制作汤圆

图11.9　煮制汤圆

3）特点

擂沙汤圆外形圆润饱满，食之软糯可口，馅心细滑醇香（图11.10）。

图11.10　擂沙汤圆成品图

任务2　鸡仔饼

1）原料

（1）面团材料：花生油175克、鸡蛋1只、低筋面粉500克、糖粉100克、溴粉2克、食粉7克、麦芽糖250克等。

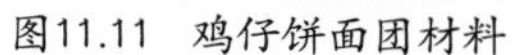

图11.11　鸡仔饼面团材料

图11.12　鸡仔饼馅心材料

（2）馅心材料：冰肉500克、榄仁100克、芝麻仁100克、瓜子仁100克、客家梅菜干50克、蒜蓉30克、五香粉5克、盐10克、糯米粉150克、凉开水150克、熟花生油100克、南乳2块（图11.12）等。

2）制作流程

（1）将榄仁、芝麻仁、瓜子仁烤香，然后将所有馅料材料一起拌匀即可，备用（图11.13）。

（2）将面粉过筛开窝，放入澳粉、食粉、鸡蛋、花生油、糖粉用掌根搓至糖溶（图11.14）。

（3）将麦芽糖放微波炉加热2分钟，加入面窝中混匀后埋粉，用叠的手法调制成面团（图11.15）。

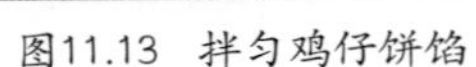

图11.13 拌匀鸡仔饼馅

图11.14 调制鸡仔饼面团

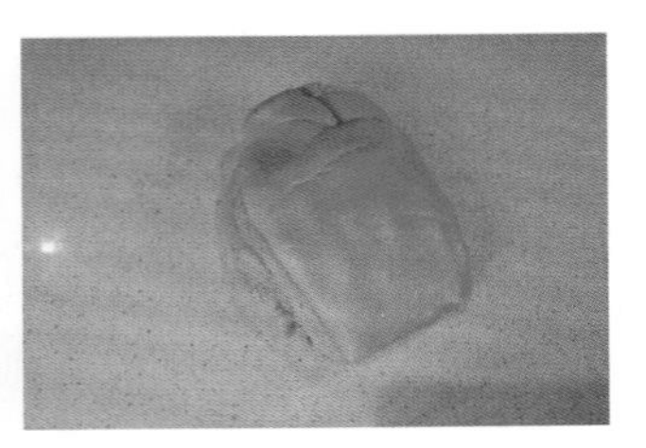

图11.15 鸡仔饼面团

（4）将鸡仔饼皮分成7克的剂子拍皮后包入15克的馅，捏成饼状（图11.16）。

（5）鸡仔饼生坯表面均匀刷上蛋液（图11.17）。

（6）放入烤箱以190 ℃/170 ℃烤约15分钟至鸡仔饼表面金黄色即可（图11.18）。

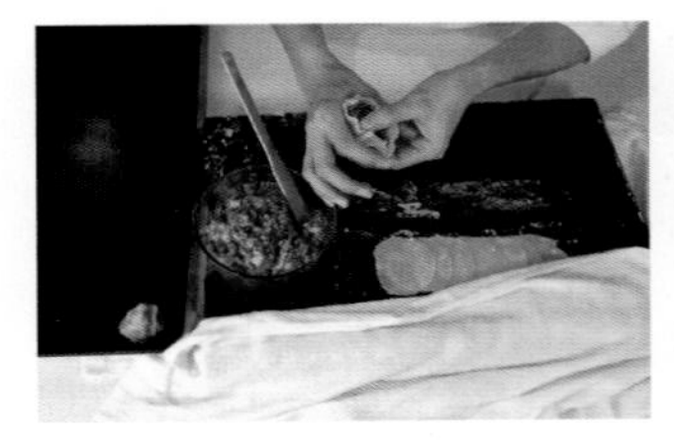

图11.16 鸡仔饼成型制作

图11.17 刷蛋液

图11.18 烤制鸡仔饼

3）特点

色泽金黄，入口爽脆松化，酥软可口，味道甘香（图11.19）。

鸡仔饼

图11.19 鸡仔饼成品图

任务3 广式煎饺

1）原料

（1）面团：低筋面粉200克、温水100克（约60 ℃）、精盐1克、猪油10克（图11.20）。

图11.20 广式煎饺面团材料

图11.21 广式煎饺馅心材料

图11.22 调制肉馅

（2）馅心。

①材料：猪肉馅150克、韭菜50克、香菇50克、马蹄50克、葱花5克（图11.21）。

②调味料：盐1克、味精2克、鸡精2克、生抽5克、胡椒粉1.5克、白糖5克、麻油3克、猪油5克、清水50克（图11.21）。

2）制作流程

（1）先将猪肉碎加入盐和生抽搅打起胶，再加入味精、鸡精、白糖调味品搅拌均匀后，分次加入清水后擦挞均匀，加入葱花拌匀，最后加入猪油和麻油即可（图11.22）。

（2）分别将洗净的韭菜、香菇和去皮马蹄切小粒（图11.23）。

图11.23 馅料刀工处理

（3）先在韭菜中加入适量调和油拌匀后，加入肉馅拌匀，再将香菇粒、马蹄粒一起加入拌匀即可（图11.24）。

图11.24 调制馅料

图11.25 调制面团

（4）将面粉过筛开窝，加入盐与温水，采用抄拌法将面团制成雪花状（图11.25）。

（5）待面团热气散尽，采用揉捏手法将面团揉至光滑，盖上湿毛巾，静置10分钟（图11.26）。

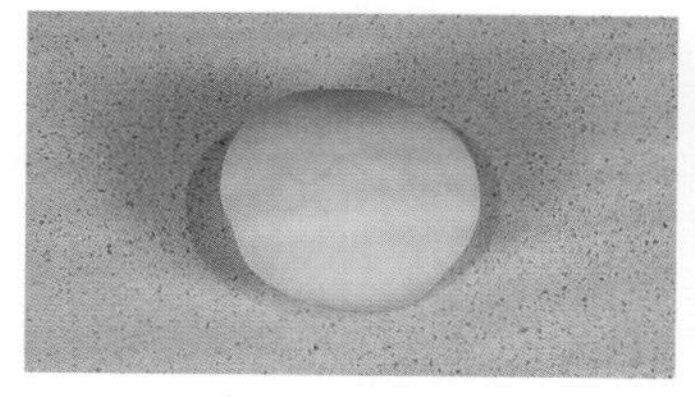

图11.26 调制好的面团

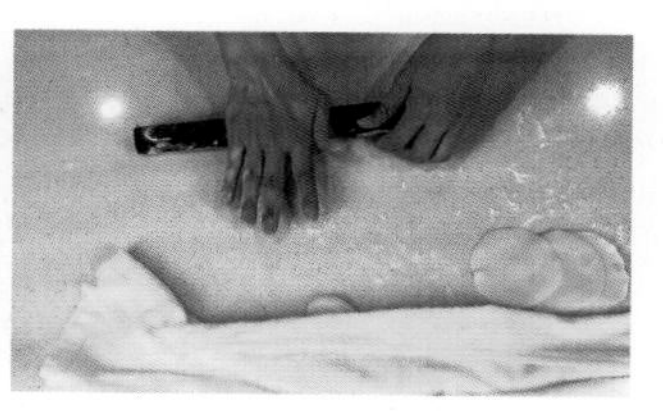

图11.27 擀制饺子皮

（6）将面团搓条、下剂（12克/个），擀成直径约8厘米、四周薄中间略厚的饺子皮（图11.27）。

（7）取20克馅料，居中上馅，双手配合挤捏制成月牙饺。入蒸笼猛火蒸制10分钟，晾凉备用（图11.28）。

（8）热锅冷油，将月牙饺两面煎至金黄色即可（图11.29）。

图11.28 制作月牙饺

图11.29 煎制饺子

3）特点

形似月牙、色泽金黄、外脆内软、皮薄馅多、馅心咸鲜味可口（图11.30）。

图11.30 广式煎饺成品图

任务4 香酥红豆饼

1）原料

（1）面团。

①水油皮：低筋面粉200克、高筋面粉50克、猪油 70克、白糖 20克、水125克、盐2.5克（图11.31）。

②干油酥：低筋面粉150克、猪油75克（图11.32）。

（2）馅心：红豆250克、清水350克、陈皮2片、白糖90克、调和油80克（图11.33）。

图11.31 香酥红豆饼水油皮材料

图11.32 香酥红豆饼干油酥材料

图11.33 香酥红豆饼馅心材料

2）制作流程

（1）馅心的制作方法。

①将红豆提前用清水浸泡至少8小时，捞起洗净后加入350克清水、陈皮，用高压锅煮透（图11.34）。

②将煮好的红豆冷却后加入白糖，放入料理机搅拌至细化泥状（图11.35）。

③起油锅，加入调和油，用小火慢炒豆沙馅至馅料水蒸发，呈浓稠细滑状即可；红豆馅放凉备用（图11.36）。

图11.34 煮制红豆

图11.35 制作豆沙泥

图11.36 炒制豆沙馅

（2）面团的制作方法。

①将水油皮材料中的面粉过筛，再将清水和白糖搅拌溶解后加入面粉中，加入盐、猪油，充分揉捏至面团光滑，静置备用（图11.37）。

②将干油酥材料中的面粉过筛，加入猪油，再采用擦叠手法将面粉与猪油混合均匀即可（图11.38）。

图11.37 调制水油皮

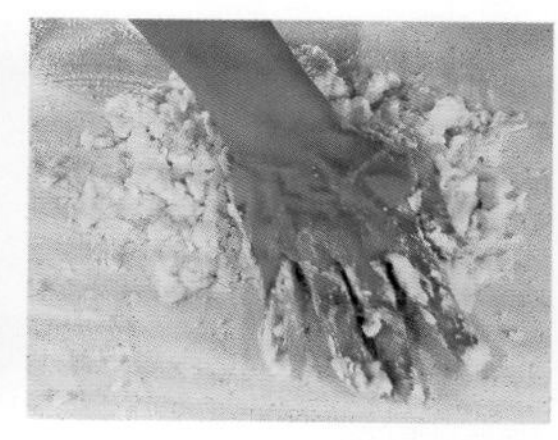

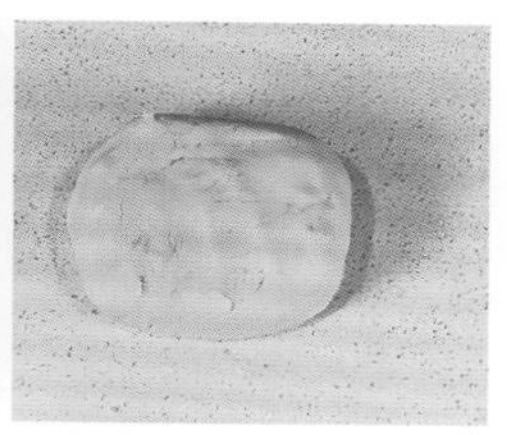

图11.38 调制干油酥

③分别将水油皮和干油酥下剂（水油皮15克/个，干油酥12克/个），注意盖好保鲜膜（图11.39）。

④分别将水油皮包入干油酥，进行小包酥（图11.40）。

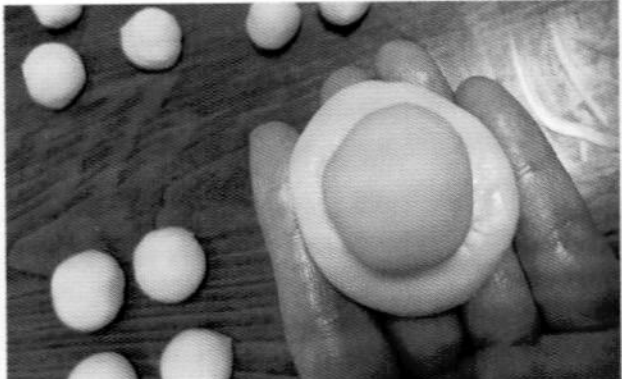

图11.39　水油皮和干油酥下剂　　　　图11.40　小包酥

⑤用擀面杖擀成长椭圆形，自上而下卷起来，接口朝上，由左往右叠压三折，制成小包酥（图11.41）。

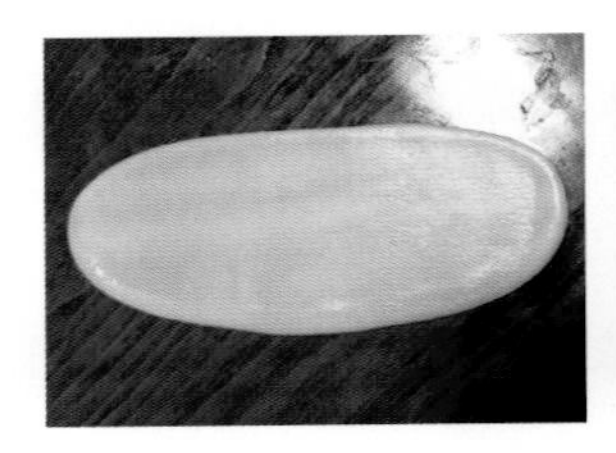
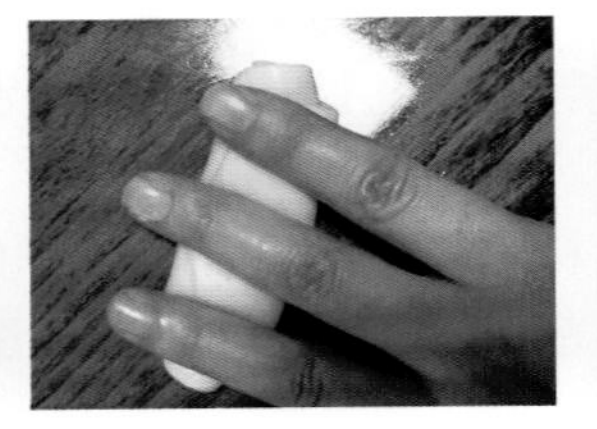

图11.41　开小酥

⑥将豆沙馅下剂（15克/个），先将小包酥用擀面杖擀略成中间厚、四周薄的皮坯，居中包入红豆馅拢成圆球状，再轻轻擀薄制成厚约1厘米的圆饼（图11.42）。

⑦在饼面上扫少许清水，撒上白芝麻。在煎锅中加少许调和油，将饼放入锅中，煎至两面金黄色即可（图11.43）。

图11.42　上馅、造型　　　　图11.43　煎制红豆饼

3）特点

饼皮酥松化口，馅心清甜软糯，口感绵润，一股淡淡的陈皮香味，吃完之后唇齿留香。红豆具有清热解毒、健脾益胃、利尿消肿、通气除烦等多重功效；而陈皮有化痰止咳、助消化的作用（图11.44）。

图11.44　香酥红豆饼成品图

任务5 潮汕笋粿

1）原料

（1）面团：籼米粉500克、生粉200克、清水1 100克、精盐5克（图11.45）。

（2）馅料：笋粒400克、三花肉粒100克、鲜香菇150克、虾米50克、葱花20克（图11.46）。

（3）调料：盐4克、白糖5克、味精2克、鸡精3克、胡椒粉1克、芝麻油5克、调和油15克、水淀粉15克（图11.47）。

图11.45 潮汕笋粿面团原料

图11.46 潮汕笋粿馅料

图11.47 潮汕笋粿调料

2）制作流程

（1）将笋粒焯水后备用，热锅中加入调和油，加入三花肉粒和虾米煸炒至香味散出，然后加入笋粒、香菇丁，加入调味品翻炒均匀，最后加入水淀粉勾芡即可（图11.48）。

图11.48 炒制馅心

（2）将籼米粉、生粉混合均匀，封上保鲜膜后蒸20分钟。将1000克清水加盐煮沸后，倒入粉料中搅拌均匀，再加入剩余的清水，将面团揉至纯滑状（图11.49）。

图11.49 调制面团

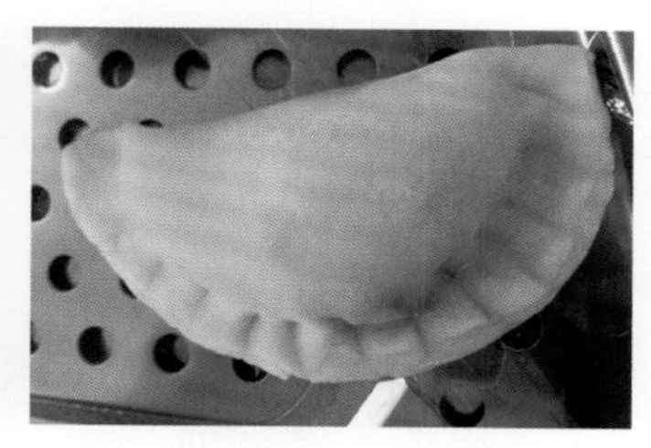

图11.50 上馅、造型

（3）搓条，下剂（25克/个），擀成圆皮，包入25克馅心，合拢、捏紧、封口，入蒸笼猛火蒸10分钟即可（图11.50）。

3）特点

潮州地区盛产竹笋，笋粿这种潮州民间小食便是以竹笋为主要原料。笋粿因主要原料是春笋，故这款点心为春季时点。笋粿形态饱满，皮薄软糯略带韧性，馅料咸、香、鲜、美（图11.51）。

图11.51　潮汕笋粿成品图

任务6　咸水粿

1）原料

（1）面团：水磨黏米粉500克、粟粉50克、清水1 350克、盐5克（图11.52）。

（2）馅料：菜脯碎150克、蒜蓉100克、调和油50克（图11.53）。

图11.52　咸水粿面团原料

图11.53　咸水粿馅料材料

图11.54　调制面糊

2）制作流程

（1）将黏米粉、粟粉、盐、清水搅拌均匀即可（图11.54）。

（2）将咸水粿杯盏蒸热后，倒入粉浆（约九成满），上蒸笼猛火蒸15分钟即可（图11.55）。

（3）待咸水粿皮冷却后，脱模备用（图11.56）。

（4）热锅加入调和油，加入蒜蓉爆香，再加入菜脯碎煸炒至菜脯香味出来即可（图11.57）。

（5）在咸水粿中加入馅料，即可食用（图11.58）。

图11.55 倒浆

图11.56 出炉冷却

图11.57 爆香菜脯碎

图11.58 加入馅料

3）特点

咸水粿是广东省潮州市一种地方性的传统粿食小吃。咸水粿外观似小碟子，色泽嫩白，中间盛放着热的菜脯干。粿皮无味但有嚼劲，口感润滑，配上菜脯干的咸香爽脆，成为一道具有潮汕特色的民间小吃（图11.59）。

图11.59 咸水粿成品图

任务7 广式年糕

1）原料

水磨糯米粉1000克、粘米粉250克、片糖1000克、清水1000克（图11.60）。

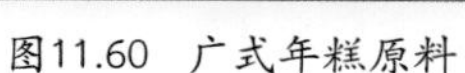
图11.60 广式年糕原料

图11.61 混合粉料

图11.62 煮制糖水

2）制作流程

（1）将糯米粉和澄粉混合均匀（图11.61）。

（2）在清水中加入片糖，煮沸，将糖煮溶化（图11.62）。

（3）糖水趁热加入粉料中，搅拌至纯滑即成糕浆（图11.63）。

图11.63 调制糕浆　　图11.64 蒸糕浆

（4）铁盘内扫上一层薄油，倒入糕浆。猛火上笼蒸40分钟。直到糕浆不粘筷子为止，待年糕冷却后切成片即可（图11.64）。

3）特点

年糕其实是“黏糕”的谐音，一般在春节食用，寓意将全年最丰硕的日子牢牢地黏起来，企望“年年有余，丰衣足食”。广式年糕色彩黄澄如金，食之香甜软糯（图11.65）。

图11.65 广式年糕成品图

任务8 煎脆皮薄罉

1）原料

（1）面团：糯米粉250克、澄粉28克、白糖40克、黏米粉13克、奶粉20克、牛油28克、清水230克（图11.66）。

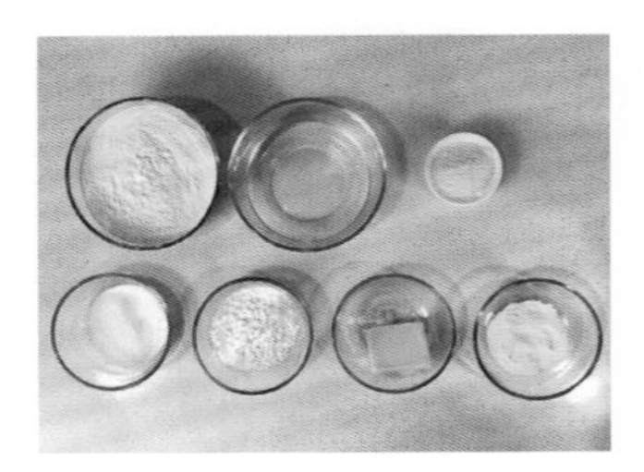

图11.66 煎脆皮薄罉面团原料　　图11.67 煎脆皮薄罉馅料　　图11.68 混合粉料

（2）馅料：熟花生碎50克、熟白芝麻50克、芝麻酱20克、白糖80克、调和油30克、椰丝

50克（图11.67）。

2）制作流程

（1）将糯米粉、白糖和奶粉混合均匀（图11.68）。

（2）将清水煮沸，趁热冲入粉料中，迅速搅拌均匀（图11.69）。

图11.69　烫面

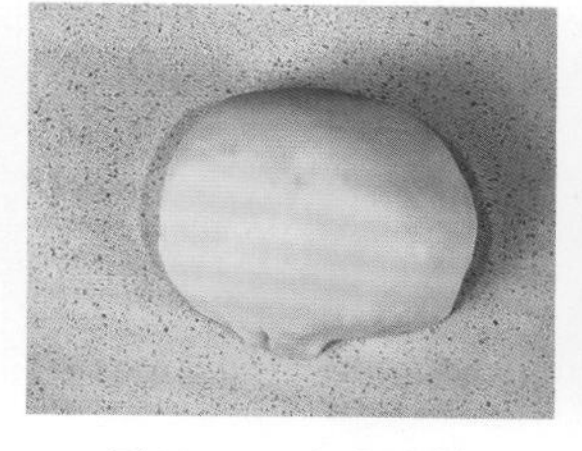
图11.70　面团调制

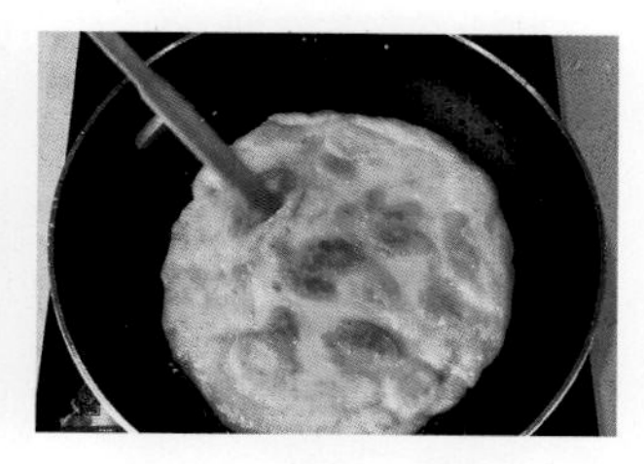
图11.71　煎薄罉面团

（3）加入黄油，将面团充分揉光滑（图11.70）。

（4）加热平底锅，加入20克调和油，取出约150克的薄罉面团放入锅内，煎至微黄，边煎边拍，翻面煎至金黄色即可出锅（图11.71）。

（5）将熟白芝麻、椰丝、熟花生碎、白糖、芝麻酱混合均匀（图11.72）。

（6）在煎好的薄铛表面均匀撒上馅料，卷紧成长条形，用刀切成小段即可装盘（图11.73）。

图11.72　平铺馅料

图11.73　卷紧、切件

3）特点

色泽金黄，表面金黄酥脆，食之香甜软滑（图11.74）。

香煎薄罉

图11.74　煎脆皮薄罉

任务9 香炸虾饼

1）原料

（1）面糊：低筋面粉200克、黏米粉100克、新鲜小河虾250克、清水600克、葱花25克（图11.75）。

图11.75 香炸虾饼面糊原料

图11.76 香炸虾饼调味料

图11.77 腌制河虾

（2）调味料：盐5克、料酒5克、五香粉3克、调和油15克、白糖5克（图11.76）。

2）制作流程

（1）将新鲜小河虾洗净沥干水后用2克盐和料酒拌匀腌制20分钟（图11.77）。

（2）将低筋面粉、黏米粉混合均匀，加入盐、五香粉、调和油、清水和葱花拌匀至无颗粒即可（图11.78）。

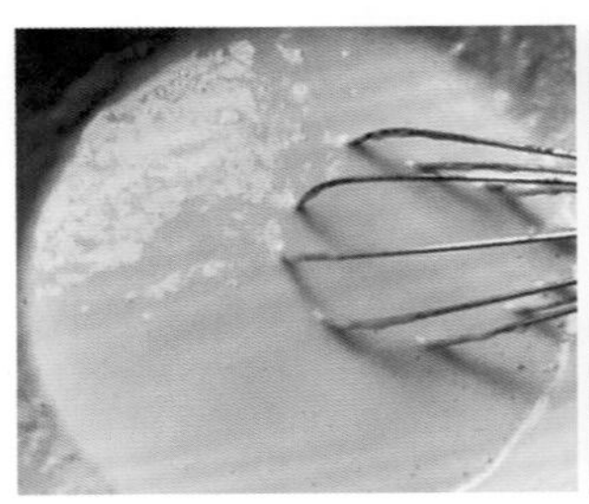

图11.78 调制面糊

图11.79 炸制虾饼

（3）起油锅，中火烧至170 ℃，把虾饼模浸油后盛入面糊，取5～6只小河虾铺在面糊上，放入油锅中，炸至浮起，翻转，炸至金黄色即可（图11.79）。

图11.80 香炸虾饼成品图

3）特点

炸虾是湛江吴川地区最具有特色的小吃之一。虾饼色泽金黄，饼香脆口，味道鲜咸，让人回味无穷，河虾富含钙、磷、碘，常食可补钙健脾，固肾益身（图11.80）。

任务10 冰花鸡蛋球

1）原料

（1）面团：低筋面粉250克、清水300克、牛油40克、鸡蛋400克（图11.81）。

图11.81 冰花鸡蛋球面团原料

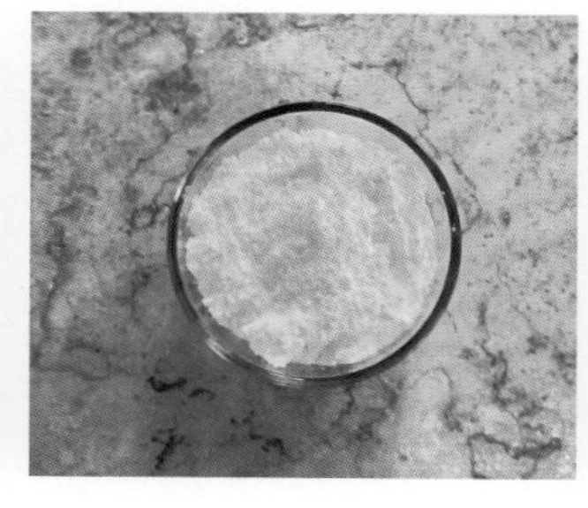

图11.82 糖粉

图11.83 烫面

（2）辅料：糖粉100克（图11.82）。

2）制作流程

（1）将清水与牛油煮沸后，加入过筛的面粉，搅拌至面粉完全糊化（图11.83）。

（2）将面团放入搅拌器搅拌冷却至40 ℃，分次加入鸡蛋，搅拌成纯滑的面糊（图11.84）。

（3）用手将面糊挤出约25克的圆球（图11.85）。

（4）将面糊球放于120 ℃的油中浸炸至色泽金黄、硬脆即可出锅（图11.86）。

（5）沥干表面油分，趁热在表面粘上一层糖粉即可（图11.87）。

图11.84 调制面糊

图11.85 挤制面糊球

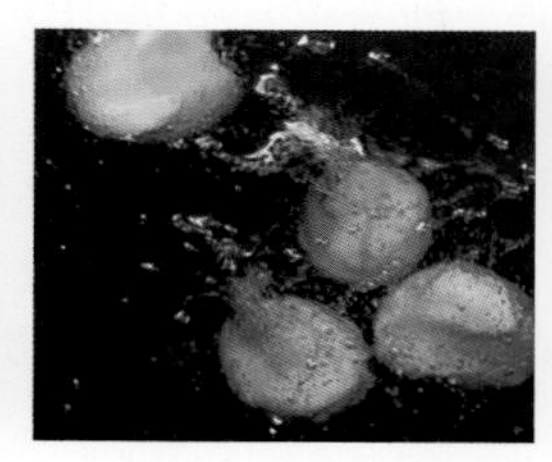

图11.86 炸制鸡蛋球

图11.87 滚粘糖粉

3）特点

色泽金黄，呈圆球状，轻巧空心，食之外脆内软、油而不腻（图11.88）。

图11.88 冰花鸡蛋球成品图

后 记

时光荏苒，岁月如梭！邓谦烹饪工作室从区名师工作室发展成长为省级“双师型”名师工作室，一路走来，生动体现和演绎了珠海市第一中等职业学校和乐文化的精神内涵，那就是一群人、一件事、一条心、一起拼、一定赢！

工作室始终把握职业教育的核心问题：全力以赴抓德育，凝练思想，立德树人。以珠海市第一中等职业学校旅游部这一全省高水平建设专业群为平台，在学校和乐文化引领下，工作室团队将粤菜文化、和乐文化、企业的精细化管理文化引入学校，一方面增强了中职德育的时代感、针对性和实效性，另一方面有力地引领和促进了学校旅游类专业的德育工作的特色发展，让珠海市第一中等职业学校德育品牌具有烹饪专业味道和特色。

另外，工作室始终把握职业教育的方向问题：理直气壮抓竞赛，突显风格，彰显技能。工作室成立以来，通过指导入室学员、培养对象，3年以来技能竞赛成绩大放异彩。2018年，团队荣获首届粤港澳大湾区“粤菜师傅”技能大赛第一名；在珠海市教育系统中职生技能大赛烹饪赛项中连续6年包揽前三名；2018—2021年工作室先后培养的新晋广东省技术能手6名、珠海市技术能手3名；在广东省职业院校技能大赛学生烹饪（中职组）比赛中，2019年、2020年团队蝉联全省第一名，连续5年荣获省一等奖。

最后，工作室始终把握职业教育的保障问题：用心用情带团队，家国情怀，持续发展。工作室主持人邓谦副校长定期组织工作室成员、学员进行交流探讨，组织开展多次跟岗学习，如传统粤菜示范培训、创新菜示范培训等，有效提升了学员的专业技能，并致力于将技术无偿转让给当地企业，为当地经济发展贡献绵薄之力。同时，工作室多次组织、带领烹饪师生为奋战在一线的医护人员送爱心汤羹，发挥专业特长，用行动践行职教初心。

韶华不负，未来可期！作为工作室成员，我本人和团队一起学习着、进步着、成长着。祝贺《粤菜风味菜点制作》出版，也殷切期待前辈和同人、朋友们继续关注、支持工作室发展！

中国烹饪文化源远流长，博大精深，著名的四大菜系粤菜、苏菜、川菜、鲁菜竞放光彩，粤菜文化更是中国饮食文化的绚丽之花，博采众长，涵盖了岭南饮食有关的物质文化和精神文化的成果。广州很早就是对外贸易港口，历代都作为中国著名商都，加上近代华侨往来密切，形成了有别于国内其他地区独特的广府饮食文化。随着我国改革开放不断深入，岭南饮食文化已经发展包含广府菜、潮州菜、客家菜在内的三大地方特色风味。

为进一步加强职业教育“双师型”名师工作室建设工作，凸显研修成效、发挥示范引领作用，根据《教育部 财政部关于实施职业院校教师素质提高计划（2021—2025年）的意见》和《广东省“新强师工程”实施办法》，建设实体与网络相结合的新型工作室，创新省级“双师型”名师工作室协同育人体制机制。以职业教育“双师型”名师工作室为载体，以师带徒为主要培养形式，构建研修共同体，促进职业教育“双师型”名师工作室成员和培养对象共同提高，为我省培养一支高水平专业化创新型的教师队伍，努力造就一批卓越教师和教育家型教师。

2018年11月，工作室主持人邓谦顺利通过广东省教育厅的遴选，成为广东省职业教育中职名师工作室主持人。工作室由主持人、成员和学员三部分人员组成，合计14人。成员5人分别是顺德职业技术学院李东文副教授、珠海市第一中等职业学校吴子逸及刘明、珠海市九昌九餐饮管理责任有限公司余斌照和珠海食育商务有限公司李开明，学员8人分别是珠海市第一中等职业学校李洁琼、开平市吴汉良理工学校罗国永、湛江财贸学校郑旸光、东莞市轻工业学校郑志熊、中山市三乡理工学校叶亲枝、广州市旅游商务学校谭子华、顺德梁銶琚职业技术学校王俊光、信宜市职业技术学校吴周等8个地级市职业学校烹饪专业学科带头人、骨干教师。他们从工作室基础建设、建章立制，到凝练工作室理念、形成工作室品牌，扩大了名师工作室影响力，取得了很多优秀成果，其中《粤菜风味菜点制作》的编写则是更好的说明。

《粤菜风味菜点制作》坚持“以职业活动为导向、以职业技能为核心”的构思原则，依托3年工作室建设理念，改革课程体系和教学内容，准确把握职业教育的特殊性、可操作性和实用性的特点，将各位成（学）员在烹饪专业教学改革和专业建设中取得的成功经验和最新成果进行整理和提高，引入行业企业新技术、新工艺与企业无缝对接。

《粤菜风味菜点制作》的编写，也是坚持校企合作、三教改革、课程思政的多个教育理念，立德树人，更具有规范性和指导性，在新时代不断发展的今天，基于行业发展需要的人才培养必须不断向前发展，教学没有止境，推动职业教育更新、更好、更强发展。

参考文献

[1] 陈学智．中国烹饪文化大典[M]．杭州：浙江大学出版社，2011．
[2] 广东省职业技术教研室．广府风味菜烹饪工艺[M]．广州：广东科技出版社，2019．
[3] 广州市糖业烟酒公司．广式糕点[M]．北京：中国轻工业出版社，1984．
[4] 严金明．广东小吃[M]．北京：中国轻工业出版社，2002．
[5] 闵二虎，穆波．中国名菜[M]．重庆：重庆大学出版社，2019．